高等职业教育"十四五"系列教材
高等职业教育土建类专业"互联网+"数字化创新教材

大数据与云计算技术应用基础

程 杰 徐 亮 主 编
王立银 斯海燕 严朝晖 副主编
章武媚 主 审

中国建筑工业出版社

图书在版编目（CIP）数据

大数据与云计算技术应用基础 / 程杰，徐亮主编；王立银等副主编 . -- 北京：中国建筑工业出版社，2025. 1. -- （高等职业教育"十四五"系列教材）（高等职业教育土建类专业"互联网+"数字化创新教材）.
ISBN 978-7-112-30783-8

Ⅰ . TP274；TP393.027

中国国家版本馆 CIP 数据核字第 2024JP7995 号

本教材以大数据与云计算技术在建筑领域的探索实践与场景应用为核心，精心编排内容。教材共包括 10 个任务，分别为大数据与云计算概述、大数据采集与预处理、大数据存储、大数据分析与挖掘、大数据可视化、大数据治理、虚拟化技术、云数据中心与云存储、并行计算与集群技术、大数据与云计算的安全与伦理，为读者呈现智能建造背景下的大数据与云计算技术应用内容。

本教材既可作为高等职业院校专科智能建造技术专业的教学用书，也可作为应用型本科院校智能建造和高等职业教育本科智能建造工程等相关专业的教学用书，还可作为相关从业人员了解和学习大数据与云计算技术应用的指导用书。

为方便教师授课，本教材作者自制免费课件，索取方式为：1. 邮箱 jckj@cabp. com. cn；2. 电话（010）58337285；3. 扫描右侧二维码下载。

配套课件下载

责任编辑：李天虹　李　阳
责任校对：张惠雯

高等职业教育"十四五"系列教材
高等职业教育土建类专业"互联网+"数字化创新教材
大数据与云计算技术应用基础
程　杰　徐　亮　主　编
王立银　斯海燕　严朝晖　副主编
章武媚　主　审

*

中国建筑工业出版社出版、发行（北京海淀三里河路 9 号）
各地新华书店、建筑书店经销
北京鸿文瀚海文化传媒有限公司制版
北京同文印刷有限责任公司印刷

*

开本：787 毫米×1092 毫米　1/16　印张：9¼　字数：231 千字
2025 年 1 月第一版　2025 年 1 月第一次印刷
定价：38.00 元（赠教师课件）
ISBN 978-7-112-30783-8
（43965）

版权所有　翻印必究
如有内容及印装质量问题，请与本社读者服务中心联系
电话：（010）58337283　QQ：2885381756
（地址：北京海淀三里河路 9 号中国建筑工业出版社 604 室　邮政编码：100037）

前　言

党的二十大报告提出，深入实施人才强国战略，努力培养造就更多大师、战略科学家、一流科技领军人才和创新团队、青年科技人才、卓越工程师、大国工匠、高技能人才。本教材将党的二十大报告强调的"自信自立""守正创新"及"胸怀天下"等融入教学内容，将社会主义核心价值观、家国情怀、专业素养和工匠精神融入学习任务中，为培养高素质复合型技术技能人才、智能建造工程师和大国工匠提供支撑，为建筑企业提质增效、建筑行业高质量转型、区域经济加速发展和全面推进中国式现代化贡献力量。

大数据与云计算技术是当下全球科技创新的焦点，在新一轮科技革命和产业变革的趋势推动下，互联网、物联网、人工智能、大数据、云计算、5G等新兴技术有力驱动数字经济与实体经济深度融合，深刻影响经济发展与产业格局。同时，大数据与云计算技术也加速渗透各行各业，涌现海量的应用场景，相关技术产品已经在农业、建筑、交通、电力、水利、餐饮、航天航空、教育、计算机、消防、旅游、设计、金融、通信、公共安全等行业中得到了较为广泛的应用，不断改变着人们的生产、生活和学习方式。面对澎湃而至的新技术浪潮，我国准确把握时代大势与战略机遇，作出一系列促进大数据与云计算发展的重要部署。如今，大数据与云计算已经广泛应用到建筑业，能够为工程技术和管理提供可视化分析、风险预测、性能优化、过程挖掘、能源管理等增值服务，赋能建筑工程数字化、智能化，已然成为推动建筑业转型发展的新动能。

很多高校已经开设了数据科学与大数据技术、云计算技术应用等相关专业，并成为近几年非常热门的专业之一。所采用的教材多以原理认知和基础入门出发，阐述大数据与云计算技术的产生发展、基本思想方法和技术应用等。长期以来侧重行业应用的教材并不是很多，高职院校层次的专业类教材更不多见。与同类教材相比，本教材具有以下特色：

1. 聚焦行业，体系完善

围绕大数据与云计算技术在建筑领域的探索实践与场景应用进行内容编排，精心设计"任务目标-场景应用-案例赏析-知识精讲-综合考核"的教学体系，展示了智能建造背景下的大数据与云计算技术应用场景，辅助专业教学更具有针对性，主要分10个任务讲解，即大数据与云计算概述、大数据采集与预处理、大数据存储、大数据分析与挖掘、大数据可视化、大数据治理、虚拟化技术、云数据中心与云存储、并行计算与集群技术、大数据与云计算的安全与伦理。

2. 跨界设计，学用结合

本教材针对智能建造技术等相关专业的人才培养，具有典型的跨界性。教材内容设计本着"理解、探究、实用"的思想，没有涉及更多的理论，而是采用学习者容易理解的体系和叙述方法，由浅入深，循序渐进，灵活设置学习案例、任务工单、功能性插页等，引导学习者"学中做"和"做中学"。

3. 案例丰富，强化技能

本教材紧跟建筑业智能化转型升级的发展趋势以及行业复合型人才新需求，结合智能建造技术专业简介要求，引用大量来自建筑行业一线的项目案例与工作场景，通过案例解读开阔学习者的视野，促进大数据与云计算技术知识在建筑业的内化，使学习者在深度案例式学习中实现知识技能的双向建构与岗位职业能力的素质能力培养提升。

本教材是浙江建设职业技术学院智能建造技术国家级教师教学创新团队系列成果之一，也是团队负责人沙玲带领团队成员长期深入企业一线、充分调研行业的收获和总结。本教材由浙江建设职业技术学院程杰和徐亮担任主编，王立银、斯海燕和严朝晖担任副主编，具体编写分工为：邵梁负责制订编写思路和编写大纲，沙玲负责全书的内容审定，程杰编写任务十，徐亮编写任务九并负责统稿，王立银编写任务一、任务七，斯海燕编写任务四、任务六，严朝晖编写任务二、任务三、任务八，赵筱斌编写任务五。

编写过程中，国内知名企业品茗科技股份有限公司、浙江建设职业技术学院领导、管理与信息学院计算机团队以及诸多校企合作专家给予了大力支持和帮助，在此一并表示衷心感谢。教材在编写过程中参考借鉴了大量文献资料，在此向文献资料的作者致以诚挚的谢意。

由于编者水平有限，书中难免会有不足之处，恳请广大读者批评指正。

编　者
2024 年 10 月

目　录

任务一	大数据与云计算概述	001
1.1	了解大数据	002
1.2	了解云计算	006
【综合考核】		013

任务二	大数据采集与预处理	014
2.1	场景应用	015
2.2	了解大数据采集	019
2.3	了解大数据预处理	023
2.4	大数据采集与预处理的常用工具	028
【综合考核】		029

任务三	大数据存储	030
3.1	场景应用	031
3.2	了解大数据存储	032
3.3	大数据存储管理系统	036
【综合考核】		044

任务四	大数据分析与挖掘	045
4.1	场景应用	046
4.2	了解大数据分析	048
4.3	了解大数据挖掘	051
4.4	大数据分析与挖掘的常用工具	053
【综合考核】		054

任务五	大数据可视化	055
5.1	场景应用	056
5.2	了解大数据可视化	058
5.3	大数据可视化的方法	062
5.4	大数据可视化的分类	069
5.5	大数据可视化的过程	070
5.6	大数据可视化的常用工具	072

【综合考核】 ··· 073

任务六　大数据治理 ·· 074
6.1　场景应用 ··· 075
6.2　了解大数据治理 ·· 078
6.3　大数据治理实施 ·· 083
【综合考核】 ··· 087

任务七　虚拟化技术 ·· 088
7.1　场景应用 ··· 089
7.2　了解虚拟化技术 ·· 091
7.3　虚拟化技术的分类 ··· 094
7.4　虚拟化的常用软件 ··· 098
【综合考核】 ··· 100

任务八　云数据中心与云存储 ··· 101
8.1　场景应用 ··· 102
8.2　了解云数据中心 ·· 105
8.3　了解云存储 ·· 108
【综合考核】 ··· 112

任务九　并行计算与集群技术 ··· 113
9.1　场景应用 ··· 114
9.2　了解并行计算技术 ··· 117
9.3　了解集群技术 ··· 124
【综合考核】 ··· 127

任务十　大数据与云计算的安全与伦理 ··· 128
10.1　了解大数据安全 ··· 129
10.2　大数据伦理与治理 ·· 133
10.3　了解云计算安全 ··· 137
10.4　云计算安全保障技术 ··· 139
【综合考核】 ··· 141

参考文献 ·· 142

任务一 大数据与云计算概述

Task 01

知识目标

1. 了解大数据与云计算的定义及发展历程；
2. 了解大数据与云计算的特征、分类；
3. 了解大数据与云计算的主要技术。

能力目标

1. 能识别大数据与云计算技术在各领域的应用场景；
2. 能持续跟踪大数据与云计算领域前沿技术。

素质目标

1. 更好地理解大数据与云计算技术在社会中的作用和价值；
2. 成为具有专业素养和社会责任感的跨界人才。

物联网技术及智能终端的快速发展，为大数据和云计算诞生奠定了基础，大数据和云计算技术的应用正在改变着各行各业的管理模式。借助大数据和云计算技术，不断升级运行模式，能够更好地满足当下用户的需求。可以这么说，在大数据技术应用上，谁先利用好这项新技术，谁就获得了先天性竞争优势，就可以在市场竞争中做到行业引领。云计算为大数据处理提供了强大的存储和计算能力，同时也提供了弹性、可扩展、数据分析和安全保护等功能。大数据和云计算的结合有助于更好地处理、分析和利用大规模的数据集合。

什么是大数据？什么是云计算？大数据和云计算又有哪些主要技术呢？下面我们从大数据与云计算的基本概念开始，了解一下大数据与云计算的发展历程、特征和相关的主要技术。

1.1 了解大数据

1.1.1 什么是大数据

大数据的概念

大数据，又称巨量数据，指的是所涉及的数据资料规模大到无法通过人脑甚至软件工具，在短时间内达到撷取、管理、处理，并整理成能帮助企业经营决策的资源。大数据技术，是指从各种各样类型的大数据中，快速获得有价值信息数据的能力，包括数据采集、存储、治理、分析挖掘、可视化等技术及其集成。大数据应用，是指对特定的大数据集合，集成应用大数据技术，获得有价值信息的行为。

我们生活中无时无刻不产生数据，例如建筑设计图纸、施工进度数据、材料供应记录、工人的位置信息以及我们日常的微信聊天记录、短视频浏览记录等，这些数字信息就是我们通常所说的"数据"。例如，某社交平台每天产生 4PB 的数据，其中大约包含 100 亿条消息、3.5 亿张照片以及 1 亿小时的视频。据互联网数据中心（IDC）发布的《数据时代 2025》报告显示，全球每年产生的数据将从 2018 年的 33ZB 增长到 2025 年的 175ZB，相当于每天产生 491EB 的数据（$1ZB = 10^3 EB = 10^6 PB = 10^9 TB$）。

"数据是新时代的石油"，各行各业都有各自领域的大数据，这些大数据是每个行业宝贵的财富，如何让这些数据服务于行业未来发展是各个行业一直努力的方向。混杂在一起的数据是没有价值的，为了有效利用这些数据，必须对这些数据进行大数据技术处理，这也促使了大数据技术的不断发展。云计算技术为大数据的存储提供了必要的空间和途径，是大数据发展诞生的基础。

1.1.2 大数据的特征

大数据对传统数据处理的方法提出了新的挑战，同时也为各行各业带来了巨大的机遇和潜力，业界一般用 5 个 V 来描述大数据的特征，即 Volume（大量）、Velocity（高速）、Variety（多样性）、Veracity（真实性）、Value（价值）。

1. Volume

Volume，指大规模的数据量，并且数据量呈持续增长趋势。目前一般超过 10TB 规模的数据量都称为大数据。但随着技术的进步，符合大数据标准的数据量大小也会随之变化。

2. Velocity

Velocity，即数据生成、流动速率快。数据流动速率指对数据采集、存储以及分析具有价值信息的速度。数据自身的状态与价值往往随时空变化而发生变化，也就意味着对数据的采集和分析等过程必须迅速及时。

3. Variety

Variety，是指大数据包括多种不同格式、不同类型的数据。数据来源包括人与系统交互数据、机器自动生成的数据等,来源的多样性必然导致数据类型的多样性。

4. Veracity

Veracity,是指数据的质量和保真性。与传统的抽样调查相比,大数据是对全量数据进行分析挖掘,更能反映事物的客观性和真实性。

5. Value

Value,即低价值密度。随着数据量的增长,数据中有意义的信息却没有成相应比例增长。而价值同时与数据的真实性和数据处理时间相关。

大数据的影响不仅在经济方面,在政治、文化等方面也能产生深远影响,大数据可帮助用户开创一种基于"数量"的管理模式,也是我们当前"大社会"的集中体现,三分技术,七分数据,得数据者得天下。实际上,大数据的影响不仅限于信息通信产业,也正在"吞噬"和重构大量传统行业,一些广泛使用大数据分析手段来管理和优化企业运营的公司,在一定程度上已经成为数据公司。

1.1.3 大数据的分类

根据大数据的来源、性质和处理方式,一般可以把大数据分为结构化数据、半结构化数据及非结构化数据三种类型。据 IDC 统计,大数据中有 80% 的数据为非结构化数据和半结构化数据,仅 20% 的数据是结构化数据,如图 1-1 所示。

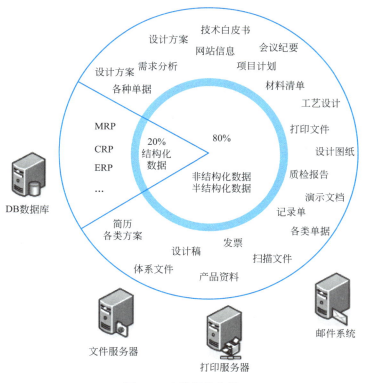

图 1-1 大数据的分类

1. 结构化数据

结构化数据即行式数据，简单来说就是关系型数据库中的数据，这些数据存放在应用系统的数据库中，如表1-1所示，不同规格螺纹钢的价格数据就属于结构化数据。

结构化数据　　　　　　　　　　　　　　　　表1-1

ID	建材名称	品牌	规格(mm)	价格(元/t)	日期
1	螺纹钢	沙钢	φ25	4890	2023-10-07
2	螺纹钢	沙钢	φ8	5200	2023-10-07
3	螺纹钢	莱钢	φ15	5400	2023-10-07

2. 半结构化数据

半结构化数据是指不符合关系型数据库的数据模型结构，但包含相关标记，用来分隔语义元素以及对记录和字段进行分层，数据的结构和内容混在一起，没有明显的区分，简单地说半结构化数据就是介于结构化数据和非结构化数据之间的数据。如程序代码、HTML、XML等文档就属于半结构化数据，如图1-2所示。

```
<person>
    <id></id>
    <name></name>
</person>
<person>
    <id></id>
    <name></name>
    <address>
</person>
<person>
    <id></id>
    <name></name>
    <age>
</person>
```

图1-2　半结构化数据

3. 非结构化数据

非结构化数据没有固定的数据结构，无法使用关系型数据库存储，一般采用二进制的数据格式直接进行整体存储。非结构化数据有人为生成的非结构化数据和机器生成的非结构化数据。其中，人为生成的非结构化数据包括文本文件、社交媒体数据、多媒体数据等，如进入施工工地的人脸核验数据、施工场地的照片数据等；机器生成的非结构化数据包括卫星图像、物联传感器数据等，例如安全帽、工地监控等物联设备采集的数据。

1.1.4 大数据的发展历程

大数据的发展历程

大数据的发展总体上可以划分为3个重要阶段：萌芽期、成熟期和大规模应用期，如表1-2所示。

大数据的发展历程　　　　　　　　　　　　　　表1-2

阶段	时间	主要表现
第一阶段:萌芽期	20世纪90年代至21世纪初	随着数据挖掘理论和数据库技术的逐渐成熟,一批商业智能工具和知识管理技术开始被应用,如数据仓库、专家系统、知识管理系统等
第二阶段:成熟期	21世纪最初十年	Web2.0应用迅猛发展,非结构化数据大量产生,传统数据处理方法难以应对,带动了大数据技术的快速突破,大数据解决方案逐渐走向成熟,形成了并行计算与分布式系统两大核心技术,谷歌的GFS和MapReduce等大数据技术受到追捧,Hadoop平台开始大行其道
第三阶段:大规模应用期	2010年以后	大数据应用渗透各行各业,数据驱动决策,信息社会智能化程度大幅提高

1.1.5 大数据的主要技术

在日常工作和生活中,数据的产生无处不在,各类进出门禁、传感器、摄像头等都在不断产生数据。对于大数据来说,这些数据来源众多,类型多种多样,初始状态的数据往往是杂乱不可用的,需要经过大数据相关技术处理,才能获取大数据中蕴含的价值。

大数据主要技术包括大数据采集与预处理、大数据存储、大数据分析与挖掘、大数据可视化、大数据治理等。在后面我们将会学到这些内容。

1.2 了解云计算

1.2.1 什么是云计算

"搜一搜,一网能知天下事"。我们在日常工作和生活中都离不开搜索引擎,搜索引擎就是一个非常典型的云计算应用。云计算与我们生活息息相关,但到底什么是云计算?基于对云计算认识的不断发展和变化,业界对此尚无一致的定义。

云计算是一种通过互联网提供计算资源和服务的模式。它允许用户通过网络访问和使用计算资源,而无需拥有和管理实际的物理设备或基础设施。云计算提供了一种按需、弹性和可扩展的方式来交付计算能力、存储和应用服务。

在云计算中,服务器、存储、网络等计算资源和数据库、应用程序等服务被集中部署在数据中心中,并通过互联网提供给用户。用户可以根据需要选择和使用这些资源和服务,而无须关心底层的基础设施和维护工作。

云计算的核心是计算资源的自我维护和管理,通常是一些大型服务器集群,包括计算服务器、存储服务器和宽带资源等。云计算通过专门的软件实现自动管理,无须人为参与。用户可以动态申请部分资源,以支持各种应用程序的运行,这样一来,用户无须关注烦琐的细节,可以更专注于自己的业务。云计算有助于提高效率、降低成本和推动技术创新。图 1-3 展示了云计算的概念模型。

云计算的概念

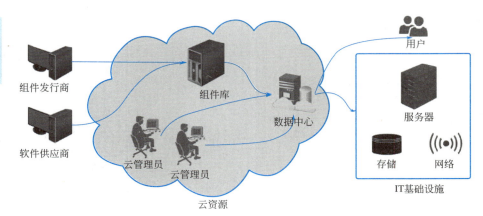

图 1-3 云计算概念模型示意图

1.2.2 云计算的基本特征

被人们普遍接受的云计算主要有以下六个方面的基本特征:

1. 虚拟化

通过虚拟化技术，云计算可以将物理资源（如服务器、存储设备）抽象为虚拟资源，使其能够按需分配和使用。这种抽象和分配的方式使得用户可以根据实际需求灵活地使用和管理资源，而无须关注底层的物理设备。虚拟化技术可以提高资源利用率，减少硬件成本，并提供更高的可扩展性和灵活性。

2. 弹性伸缩

云计算可以根据用户的需求，动态调整计算资源的规模，实现弹性的资源分配。当用户需要更多的计算资源时，可以通过云计算平台快速扩展资源，以满足需求。反之，当需求减少时，可以释放多余的资源，以节省成本和能源消耗。在传统的物理服务器环境中，如果需要应对突发的高峰负载，可能需要购买更多的服务器来应对，而这些服务器在负载低谷时可能处于闲置状态。而在云计算环境中，可以根据负载情况自动调整资源规模，避免资源的浪费。

3. 高可用性

云计算通过采用分布式架构和冗余机制来保证服务的高可用性。在分布式架构中，服务被部署在多个节点上，当某个节点发生故障时，其他节点可以接管其工作，从而确保服务的连续性。这种分布式架构可以提高系统的容错能力和可靠性。此外，云计算还采用了冗余机制来提高服务的可用性。冗余可以在多个层面进行，例如冗余的服务器、存储设备、网络连接等。当一个节点或设备发生故障时，冗余的节点或设备可以接管工作，保证服务不间断。

4. 按需付费

云计算采用按需付费的模式，用户只需根据实际使用的资源量付费。这种模式相比于传统的购买和维护自己的硬件设备，可以显著降低成本并提高效率。在传统的硬件购买模式中，用户需要提前购买一定数量的服务器和存储设备，以应对未来的需求。然而，这往往会导致资源的浪费，因为在实际使用中，很可能无法充分利用所有的资源。而在云计算中，用户只需根据实际需求使用资源，并根据使用量付费，节省了投入成本。

5. 多租户

云计算采用多租户的架构，可以同时为多个用户提供服务，并且保护数据的安全性和隐私性。每个用户都有自己的虚拟机、存储空间和网络资源，可以自由管理和使用这些资源，不会受到其他用户的影响。通过多租户的架构，云计算可以有效保护用户的数据安全性和隐私性。每个用户的数据都被隔离存储，其他用户无法访问和篡改。同时，云计算平台还提供了严格的访问控制和身份验证机制，确保只有授权的用户才能访问和操作自己的数据。

6. 潜在的危险性

当前云计算服务除了提供计算能力，还提供存储服务。然而，目前这一服务主要由私人机构（企业）垄断。因此，政府机构和商业机构在选择云计算服务时应保持警惕。一旦商业用户大规模使用私人机构提供的云计算服务，无论其技术优势有多强，都不可避免地会让这些私人机构有机会以数据的重要性来控制整个社会。另外，云计算中的数据对于数据所有者以外的其他云计算用户是保密的，但对于提供云计算的商业机构来说却毫无秘密可言。所有这些潜在的危险是商业机构和政府机构在选择云计算服务，特别是选择国外机构提供的云计算服务时必须考虑的重要前提。

1.2.3 云计算的发展历程

1997年南加州大学的Ramnath K. Chellappa教授提出了关于云计算的第一个学术定义，将"云"和"计算"结合成一个新词。他认为，云计算的边界不应该受到技术限制，而应该由经济规模效应来决定。这一定义为云计算的研究和应用奠定了基础，随后逐步展开。

2000年之前，学术界主要关注的是网格计算和并行计算等领域，这些可以被视为云计算的早期形态。

21世纪初的几年里，大型IT公司如Google开始广泛采用云计算技术。当时，云计算主要代表着一种能力，只有大公司才能拥有这种能力。

到了2005年，Amazon推出了Amazon Web Services云计算平台，并陆续发布了一系列的云服务，这一举措使得云计算从少数公司独有的能力逐渐演变为人人都能购买的服务。

随着计算机处理技术、网络通信技术和存储技术的发展，云计算作为一种新型的计算方式，在政府、行业和学术界的共同努力下，已经取得了巨大的成功。政府通过制定相关政策和法规，为云计算提供良好的发展环境，同时还推动云计算在公共服务领域的应用，提高政府服务的效率和质量。其次，各行业对云计算的需求不断增加，云计算为企业提供灵活的计算资源和服务，降低企业的IT成本，提高效率和竞争力。各行业纷纷将自己的业务和数据迁移到云上，实现数字化转型。此外，学术界通过云计算领域的研究和创新，解决了云计算中的技术难题，提高云计算的性能和安全性，同时为云计算培养了大量的专业人才。

1.2.4 云计算的服务模式

云计算有三种常见的服务模式：基础设施即服务（Infrastructure as a Service，即IaaS）、平台即服务（Platform as a Service，即PaaS）和软件即服务（Software as a Service，即SaaS）。这三种服务模式提供了不同层次的云计算服务，用户可以根据自己的需求选择适合的模式。

1. 基础设施即服务

基础设施即服务，位于云计算三层架构的最底层，侧重于提供基础设施级别的服务，主要关注硬件资源的共享和提供，如图1-4所示。

在IaaS模式下，云服务提供商提供基础的计算资源，如虚拟机、存储空间和网络等。用户可以根据自己的需求，按需使用这些资源，无须购买和维护自己的硬件设备。用户可以完全控制和管理操作系统、应用程序和数据，具有最大的灵活性和自由度。该模式通常按照所消耗资源的成本进行收费。

IaaS模式除了具备云计算的基本特征外，还具备以下优势：

图 1-4　基础设施即服务

（1）低成本。使用 IaaS 服务可以避免购买和维护硬件设备的成本。用户只需按照实际使用量付费，避免了闲置资源的浪费。

（2）免维护。IaaS 服务商负责维护和管理基础设施，用户无须自行进行维护工作。这包括硬件设备的维护、操作系统的更新和安全补丁的安装等。用户可以将更多的精力和资源集中在应用程序的开发和创新上，而无需担心基础设施的维护。

（3）灵活迁移。用户可以将运行在某个 IaaS 上的应用程序灵活地迁移到其他 IaaS 服务平台，而不会受限于特定云计算平台，这为用户提供了更大的灵活性和选择性。

（4）支持应用广泛。IaaS 主要以虚拟机的形式为用户提供 IT 资源，可以支持各种类型的操作系统。这使得 IaaS 可以支持广泛的应用程序，无论是基于 Windows、Linux 还是其他操作系统的应用程序，都可以在 IaaS 上运行。

2. 平台即服务

平台即服务，位于云计算三层架构的中间层，侧重于提供平台级别的服务，主要关注应用程序开发和部署的环境，如图 1-5 所示。

图 1-5　平台即服务

在 PaaS 模式下，云服务提供商提供完整的应用开发平台，包括操作系统、开发工具、数据库和中间件等。用户可以使用这些平台来开发、测试和部署自己的应用程序，而无需关注底层的基础设施。PaaS 模式可以大大简化应用程序的开发和部署过程，提高开发效率。该层通常按照用户数或登录情况计费。

PaaS 模式除了具备云计算的基本特征外，还具备以下优势：

（1）友好的开发环境。PaaS 平台提供了 SDK 和 IDE 等工具，使开发者能够方便地进行应用的开发和测试，并能够进行远程部署。这种友好的开发环境大大提高了开发效率和便利性。

（2）丰富的服务。PaaS 平台以 API 的形式提供各种各样的服务给应用开发者使用，包括系统软件、通用中间件和行业中间件等。这些服务的提供使得开发者能够快速集成和使用各种功能，从而加速应用的开发和部署。

（3）精细的管理和监控。PaaS 平台提供应用层的管理和监控功能，可以观察应用运行的情况和具体数值，如吞吐量和响应时间等，以更好地衡量应用的运行状态。同时，PaaS 平台还能够通过精确计量应用所消耗的资源进行计费。

（4）整合率和经济性。PaaS 平台具有较高的整合率，能够在一台服务器上承载成千上万的应用。相比之下，普通的 IaaS 平台的整合率较低，使得 PaaS 平台在经济性方面具有优势。

3. 软件即服务

软件即服务是最常见的云计算服务，位于云计算三层架构的顶层，侧重于提供软件级别的服务，主要关注通过网络提供软件程序服务，如图 1-6 所示。

图 1-6　软件即服务

在 SaaS 模式下，云服务提供商提供完整的应用程序，用户可以通过互联网直接访问和使用这些应用程序，而无需安装和维护在本地的软件。SaaS 模式可以极大地简化用户的使用和管理，提供即插即用的体验。该层通常以订阅的方式提供，用户按照使用量付费。

SaaS 模式除了具备云计算的基本特征外，还具备以下优势：

（1）互联网特性。SaaS 服务通过互联网浏览器或 Web Services/Web 2.0 程序连接，使用户可以通过网络访问和使用软件服务。SaaS 服务的营销、交付和传统软件有着很大的不同，因为用户与 SaaS 提供商之间的时空距离被极大地缩短。

（2）服务特性。SaaS 将软件以互联网为载体的服务形式提供给客户使用，因此需要考虑服务合约的签订、服务使用的计量、在线服务质量的保证、服务费用的收取等问题。

这些问题通常是传统软件没有考虑到的，而在 SaaS 模式下变得至关重要。

（3）可扩展特性。SaaS 需要具备良好的可扩展性，以最大限度地提高系统的并发性，更有效地利用系统资源。

（4）可配置特性。SaaS 通过不同的配置满足不同用户的需求，而无需为每个用户进行定制开发，从而降低了定制开发的成本。

（5）随需应变特性。SaaS 应用程序可以根据用户需求进行动态的集成、可视化或自动化。相比之下，传统应用程序通常被封装或受主程序控制，无法灵活地满足新的需求。随需应变的特性帮助客户应对不断变化的需求、市场竞争、金融压力和不可预测的风险，提供更大的灵活性和适应性。

1.2.5 典型的云计算产品

云计算产品非常多，这里介绍三种典型的产品：阿里云、新浪 SAE、钉钉。

1. 阿里云

阿里云是国内最大的 IaaS 提供商，提供了一系列云计算基础服务，如提供弹性计算，帮助企业快速创建和管理虚拟机实例；提供多种数据库产品，满足企业不同类型的数据存储和处理需求；提供存储与内容分发网络服务，帮助企业存储和分发大量的数据和文件；提供云通信服务，帮助企业进行实时的消息传递和通信等。

阿里云提供的这些丰富的云计算基础服务功能，能够满足企业在不同业务领域的需求，并帮助企业构建稳定、高性能的云计算基础设施。阿里云在全球主要互联网市场都有云计算基础设施的覆盖，这意味着无论企业的业务在哪个地区，都可以借助阿里云的云计算基础设施来支持其业务的发展。这种全球化的覆盖能够为企业提供更好的灵活性和可扩展性。

2. 新浪 SAE

新浪 SAE（即 Sina App Engine）是国内最早、最大的 PaaS 服务平台之一。SAE 提供了多种开发工具和方式，包括 SVN、SDK 和 Web 版在线代码编辑器。开发者可以根据自己的喜好和需求选择适合自己的开发方式。同时，SAE 还支持团队开发成员的协作，不同角色的成员可以拥有不同的权限，方便团队协作开发。除了开发工具和协作功能，SAE 还提供了一系列分布式计算和存储服务，帮助开发者降低开发成本，无须自己搭建和维护相关的基础设施。

3. 钉钉

钉钉（即 Ding Talk）是阿里巴巴集团打造的企业级 SaaS 平台，是数字经济时代企业组织协同办公和应用开发平台。钉钉将 IM 即时沟通、钉闪会、钉盘、OA 审批、智能人事、工作台等深度整合，打造简单、高效、安全、智能的数字化未来工作方式，助力企业的组织数字化和业务数字化，实现企业管理"人、财、物、事、产、供、销、存"的全链路数字化。通过钉钉开放平台上的 SaaS 软件，可以低成本、便利地搭建适合企业的数字化应用，整合企业所有数字化系统。

1.2.6 云计算的主要技术

  云计算运用了多种技术来实现其核心功能和特点，包括虚拟化与容器技术、分布式存储、数据管理、并行计算、集群技术、云计算平台管理技术、热备份冗余等技术，它们的应用使得云计算成为一种强大的计算模式，为用户提供了便捷的计算和存储资源，并推动了云计算的快速发展。在后面我们将会学到这些内容。

综合考核

大数据与云计算技术在建筑、交通、智慧城市、金融、农业、工业、电子商务等领域的应用已经较为广泛,是人类科技发展的新趋势,也是人类科技发展更上一层楼的必经之路。同学们可以结合日常生活开展一次调研活动,发现与分析身边大数据与云计算技术的应用实例。

分组:班级同学分组,4~6人为一组。

任务:(1)亚马逊作为一家全球最大的在线零售商,如何成功将大数据和云计算结合起来的?(2)大数据与云计算技术如何为铁路提供可管理、可连通、安全、可靠的信息化环境助力铁路行业腾飞?(3)建筑领域中有哪些大数据与云计算技术应用?(4)大数据与云计算技术在金融业、农业、医疗等行业领域的应用情况如何?

成果:小组自行选择调研任务,包括但不限于以上几项,撰写不少于1000字的调研报告,成员分工明确,各尽其责,充分发挥团队合作精神,须附调研中所获得案例的数据、照片或视频等相关材料。所提交的材料需标注清楚获取的渠道,这涉及知识产权保护的问题,非常重要!

任务二

大数据采集与预处理

Task 02

 知识目标

1. 了解大数据采集的基本原理和方法；
2. 熟悉数据预处理的各种技术；
3. 了解大数据采集与预处理中常见的工具和技术。

 能力目标

1. 能够识别原始数据中的一些常见问题；
2. 能识别数据清洗、转换、脱敏等大数据预处理步骤。

 素质目标

1. 从信息获取、信息利用过程中提升信息素养；
2. 培养数据处理的创新思维，提高解决复杂问题能力。

　　大数据采集和预处理是对源头数据进行处理，是后续大数据存储、分析挖掘及可视化的基础，对于数据质量和分析效果具有至关重要的作用。大数据采集技术是从现有数据源中获取数据的一种技术，预处理技术是对数据进行清洗、整理和汇总。

任务二 大数据采集与预处理

2.1 场景应用

大数据采集和预处理在建筑行业的应用有很多,通过大数据采集和预处理可以实现更高效的工作流程、更精准的决策以及更可持续的发展。

大数据与预处理的场景应用

以下就大数据采集与预处理在建筑行业的典型应用场景进行简单介绍。

1. 大数据采集与预处理在建筑工地安全管理中的应用

在建筑工地上,可以使用传感器和监控设备来采集工地活动、人员位置、安全风险等数据。大数据预处理技术可以用于对采集的数据进行清洗和转换,如缺失值、异常值和重复数据处理,为后续的数据分析、预警和决策提供高质量的数据基础。

2. 大数据采集与预处理在建筑能源管理中的应用

建筑的能源消耗是一个重要的成本和环境问题。通过大数据采集和预处理,可以收集建筑内部和外部的各种数据,如温度、湿度、光照等,以便后期通过大数据分析识别能源浪费和改进机会,帮助建筑业降低能源成本,减少碳排放,实现更可持续的运营。

3. 大数据采集与预处理在建筑设备智能维护中的应用

大型建筑物通常配备大量的设备和系统,如电力、空调、照明等。通过采集和分析这些设备的运行数据,可以实现设备的智能维护和管理。例如,通过对采集的设备运行和性能数据进行分析,可以提前掌握设备状态,并进行预防性维护,以提高设备的可靠性和效率。

4. 大数据采集与预处理在建筑结构健康监测中的应用

通过传感器和监测设备采集建筑结构的数据,如应力、振动、变形等,可以实时监测建筑结构的健康状况。大数据预处理技术可以对这些数据进行分析和处理,以便及时发现结构的异常情况,并提供预警和维护建议。

下面以大数据采集与预处理在舟山跨海大桥安全状态监测中的应用为例进行介绍。

【应用背景】

舟山跨海大桥(图2-1)全长约50km,于2019年12月25日正式通车,投资130亿元,整个跨海大桥由金塘大桥、西堠门大桥、桃夭门大桥、响礁门大桥和岑港大桥5座跨海大桥及接线公路组成。舟山跨海大桥的建成对进一步开发舟山海洋资源,推动浙江、长江三角洲乃至中国经济发展都具有深远意义。

基于舟山跨海大桥对社会发展的重要性及交通运输部门的监管要求,为达到桥梁结构安全可靠的目标,舟山跨海大桥设计了基于动态实时桥梁健康状况的监测系统,可以监测到荷载源及环境包括风荷载、大气温度、湿度、地震动荷载、车辆荷载等数据以及结构响应包括大桥空间位置及变化、钢箱梁行车道系疲劳应力、主缆索力变化、吊杆倾斜、结构动力响应、锚碇预应力锚固系统代表预应力束中力的变化等多个监测项。通过对这些监测项的数据进行分析,有助于科学合理地评估桥梁结构安全性。然而在实际运行中,传感器采集的数据量非常庞大,而且存在大量噪声、异常值和缺失值等问题,使得对这些数据的分析比较困难。

图 2-1 舟山跨海大桥

【应用场景】

大桥通过传感器等采集设备的布置安装来实现对桥梁各监测项数据的实时采集，下面以振动数据和主塔位移数据采集为例进行说明。

1. 数据采集

（1）振动数据采集

西堠门大桥南北索塔承台顶面及塔顶索塔两肢设置了伺服式超低频三向加速度传感器和双向加速度传感器，采集索塔在地震作用、车辆荷载以及风荷载作用下索塔结构振动的数据；在主梁主跨跨中、1/4、3/4 处，边跨跨中处设置横向、竖向加速度传感器采集主梁频率数据；在吊索处设置单向加速传感器采集吊索频率数据，以求取索力，如图 2-2 所示。

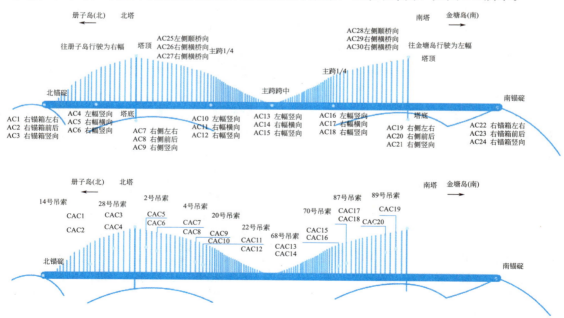

图 2-2 西堠门大桥传感器布置图

（2）主塔位移数据采集

西堠门大桥、金塘大桥主通航孔桥空间变位布置的传感器为GPS，索塔顶特征点位置布设了GPS监测设备，以采集桥梁主塔的位移数据，如图2-3所示。

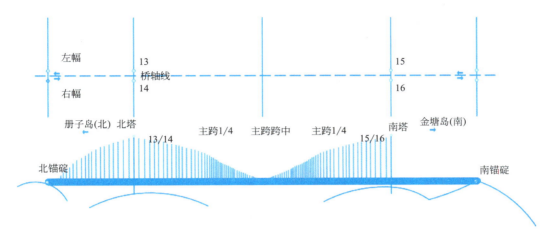

图2-3　西堠门大桥主塔GPS布置图

2. 数据预处理

通过各类传感器，监测系统每天采集到将近3GB的原始数据。如果直接对如此庞大的数据量进行挖掘和分析，监测系统将存在较大的性能压力，无法实现对监测数据进行全面梳理、深入挖掘和精细分析。同时原始数据中还存在大量的脏数据，影响了数据分析的准确性和效率，对桥梁结构状况和安全性的评估容易产生偏差。

监测系统针对海量数据不同数据类型的特点，考虑后续结果评估需要用到的数据，需要对原始数据进行预处理。数据预处理主要包括以下几个环节：

（1）数据清洗：传感器数据存在大量噪声、异常值和缺失值等问题，数据清洗阶段可以去除噪声、异常值，填补缺失值，确保数据的准确性和完整性（图2-4）。清洗后的数据更适合后续的分析和建模。

（2）数据转换：不同类型的传感器数据一般以不同的格式和单位进行记录，这就需要进行对数据转换和标准化。例如，将温度数据转换为摄氏度，将时间戳转换为统一的时间格式，以便进行一致性分析和比较。

（3）特征选择和提取：传感器数据中包含大量的特征，但并非所有特征都对后续结果评估分析和建模有用。通过特征选择和提取，可以筛选出最具信息量和相关性的特征，减少数据维度，提高模型的效率和准确性。

（4）数据集成：舟山跨海大桥部署有大量不同类型的传感器，每类传感器采集不同类型的数据。数据集成阶段可以将来自不同传感器的数据进行整合和统一，建立一个综合的数据集，便于全面分析和综合评估桥梁的状况。

（5）数据采样和压缩：传感器数据通常以高频率进行采集，但并非所有数据都需要进行详细的分析。通过采样和压缩技术，可以选择合适的数据子集，降低数据存储和处理的成本，同时保留关键的数据特征。

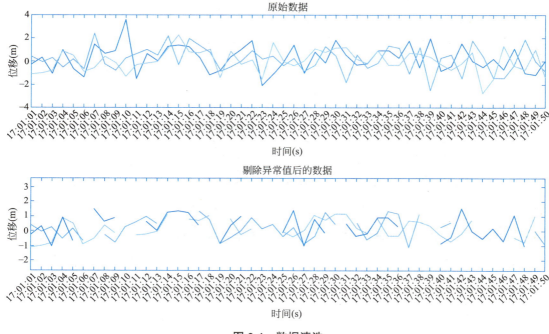

图 2-4 数据清洗

【应用成效】

原始数据经过预处理后,其数据量大幅减少,可基本保证预处理后的数据量不超过原始数据量的 5%;后续针对桥梁结构状况和安全性评估的数据分析挖掘只需调用经预处理后的数据,而不再需要调用原始数据,可使数据呈现和结构评估等技术工作的效率大幅度提高。

2.2 了解大数据采集

数据采集是对数据分析挖掘的源头数据的获取,即运用各种采集技术,对外部各类数据源产生的数据进行采集并加以利用。在信息爆炸的时代,被采集的数据类型和体量是复杂多样的,包括结构化数据、半结构化数据和非结构化数据。目前,数据采集可以分为传统的数据采集和大数据采集,两者既有联系又有区别,如表2-1。

传统的数据采集与大数据采集对比　　表2-1

对比项	传统的数据采集	大数据采集
数据量	来源单一,数据量小	来源广泛,数据量大
数据来源	结构化数据源,一般为关系型数据库存储的数据	包含结构化、半结构化和非结构化数据源,如社交媒体、传感器、系统日志数据等
数据存储	关系型数据库	分布式数据库
数据应用	通常用于业务系统和报表分析	可用于复杂的分析和应用,如机器学习、人工智能等

大数据采集是在传统的数据采集基础之上发展起来的,是在确定大数据运用和分析目标的基础上,从各种数据源中收集大量数据的过程。大数据采集在数据量、数据类型、数据处理等方面又表现出不同于传统数据采集的一些特点。

2.2.1 数据源

大数据采集的数据源主要包括传统业务系统数据、互联网数据和物联网数据等。

大数据采集的概念

1. 传统业务系统数据

传统业务系统数据是指企业各类管理信息系统的数据,例如建筑材料的采购数据、进场数据、建筑工人的用工数据等。企业每时每刻都在产生数据,并以记录的形式存放在数据库中。

2. 互联网数据

互联网数据是指在网络环境中产生的大量数据,包括新闻媒体、社交软件、互联网游戏、浏览记录等互联网应用产生的数据,其数据相对复杂且难以被利用。互联网数据具有大量、多样和高速等特点。

3. 物联网数据

物联网数据是指由各种物联设备,如传感器、摄像头以及各类智能终端产生的包括温度、湿度、光照、压力、位置、速度、加速度、声音、图像、视频等各种类型的数据。随着社会的不断发展,物联网数据已成为大数据采集的重要数据源之一。

2.2.2 大数据采集的方法

大数据采集的方法很多,根据不同的实际场景以及采集的对象,大数据采集的方法可以分为数据库数据采集、互联网数据采集、系统日志数据采集和其他感知设备数据采集等。

1. 数据库数据采集

传统企业通常使用 Oracle、SQL Server、MySQL 等关系型数据库来存储其日常运营产生的数据，随着业务需求的不断增加，一些非关系型数据库也加入了数据采集的队伍。通常，企业会通过部署大量传统关系型数据库或者非关系型数据库来完成大数据采集工作。

2. 互联网数据采集

互联网数据采集是指通过网络爬虫等方式从网站上获取数据信息的过程。网络爬虫是指一种按照一定的规则，自动地抓取互联网信息的程序或者脚本。网络爬虫互联网数据采集不仅可以采集结构化数据，也可以采集半结构化和非结构化数据，并且存储在本地的数据文件中。通过网络爬虫采集互联网上的数据是一种比较简单的获取数据资源的方式，但是我们在通过网络爬虫采集网络数据时需要遵循国家相关法律。

3. 系统日志数据采集

系统日志数据通常是指企业业务系统产生的日志数据，例如系统登录日志、访问日志等，企业部署大数据日志管理系统是业务系统日志数据采集的常用方法。《中华人民共和国网络安全法》要求网络运营者应当按照信息安全等级保护制度的要求，采取监测、记录网络运行状态、网络安全事件的技术措施，并按照规定留存相关的网络日志不少于六个月。

4. 其他感知设备数据采集

其他感知设备数据采集是指通过射频技术、传感器技术、摄像头设备和其他智能终端采集图像或视频来获取数据，如通过建筑工人穿戴安装了传感器的安全帽、工地的视频监控、温湿度传感器等物联网设备采集的数据。

2.2.3 采集数据的质量管理

采集数据的质量管理

数据质量管理是指对数据从采集、存储、开放、维护、应用和消亡的全生命周期每个阶段可能引发的数据质量问题进行识别、度量、监控、预警等一系列管理活动，是对数据进行规范化、清洗、整合、验证和监控等一系列操作。采集数据的质量管理是确保收集数据的准确性、完整性、一致性、规范性和唯一性等，从而提高数据的价值和可信度。

1. 数据准确性

数据的准确性用于描述一个数据值与真实值之间的接近程度，可以识别出数据记录中的明显错误。如表 2-2 所示，莱钢品牌 $\phi 15$ 螺纹钢在 2023 年 10 月 7 日的价格为 54 元/t，这就是一种明显错误。

数据准确性问题　　　　　　　　　　　　　　　　表 2-2

ID	建材名称	品牌	规格(mm)	价格(元/t)	日期
1	螺纹钢	沙钢	$\phi 25$	4890	2023-10-07
2	螺纹钢	沙钢	$\phi 8$	5200	2023-10-07
3	螺纹钢	莱钢	$\phi 15$	54	2023-10-07

造成数据不准确的原因主要包括数据收集设备故障、数据输入错误、数据传输过程出错、命名约定、标准代码、字段类型或格式不一致等。例如在录入建材价格的时候，数据表记录默认采用人民币"元"作为单位，但如果数据源是以"美元"为单位，那么在记录时就需要进行标准转换，否则就会造成数据不准确。

2. 数据完整性

数据的完整性用于描述数据项数据的缺失情况，可以分为数据记录缺失和字段记录缺失。

（1）数据记录缺失是指整条数据记录缺失；

（2）字段记录缺失是指缺失某条数据记录中的部分字段数据，如表2-3建材价格信息表中缺少莱钢品牌 $\phi15$ 螺纹钢的价格。

字段记录数据缺失　　　　　　　　　　　　　　　　　　　　表2-3

ID	建材名称	品牌	规格（mm）	价格（元/t）	日期
1	螺纹钢	沙钢	$\phi25$	4890	2023-10-07
2	螺纹钢	沙钢	$\phi8$	5200	2023-10-07
3	螺纹钢	莱钢	$\phi15$	Null	2023-10-07

造成数据不完整的主要原因是系统无法获取具体信息或用户不愿意提供相关信息，如涉及建筑数据中的敏感信息，如建筑的设计图纸、安全规范或者建筑物内部结构图等，需要根据相关法规和管理规范进行合法处理。

3. 数据一致性

数据的一致性是指同一数据在数据库不同的表进行采集和存储时，数据应有相等的值和相同的含义。数据不一致常见的有数据逻辑不一致和数据定义不一致两种类型。

（1）数据逻辑不一致

数据逻辑不一致一般是指不同的数据表中，表示同个含义的数据在不同表中存在逻辑冲突，如表2-4和表2-5所示，在建筑物管理系统中，建筑物伦敦塔桥在建筑物基础信息表中的国家代码为C03，但在国家信息表中并没有C03的国家。

建筑物基础信息表　　　　　　　　　　　　　　　　　　　　表2-4

建筑物编号	建筑物名	建筑物高度（m）	年龄	所在国家代码
95001	上海中心大厦	632	8	C01
95002	伦敦塔桥	42	127	C03

国家信息表　　　　　　　　　　　　　　　　　　　　　　　表2-5

国家代码	国家名称	国家代码	国家名称
C01	中国	C02	英国

（2）数据定义不一致

数据定义不一致一般是指信息系统中不同的数据表对数据的命名、业务含义、取值范围等定义不同，包括同名不同义、同义不同名等情况。例如，在一个建筑项目管理系统中,项目表中的"项目编号"字段表示建筑项目的唯一标识,而在施工进度表中的"项目编号"字段可能表示项目所在地区的编号。这种数据定义不一致可能导致数据的混淆和误解,因此数据采集时需要根据实际数据情况进行预处理。

4. 数据规范性

数据的规范性是指采集和存储的数据要有统一的标准,即数据标准。数据标准主要包括技术标准和管理标准等。

(1) 技术标准

技术标准是从技术的角度来看待建筑数据标准,包括数据的类型、长度、编码规则等。不同的建筑数据源往往存在数据技术标准不一致的情况,如表2-6所示,表示住宅或商业的建筑类型代码,在不同建筑信息系统表示却不一样。

不同建筑信息系统中的数据命名规范   表2-6

系统名称	数据命名规范
建筑规划系统	code='R'或code='C'
建筑管理系统	code='住宅'或code='商业'
工程设计系统	code='1'或code='2'

这种差异可能导致在数据交流和整合过程中存在困难,因此建筑数据的技术标准是确保数据一致性和互操作性的关键。

(2) 管理标准

管理标准从管理的角度来看待建筑数据标准,涉及建筑数据的生产者、管理者以及被允许使用这些数据的实体。例如对于一个建筑项目的施工数据,施工单位通常是数据的生产者和管理者,而建筑设计团队可能是数据的使用者。施工单位可以通过管理标准来设置数据使用权限,确保数据的合理使用和保护。

5. 数据唯一性

数据唯一性是指数据在同一时刻、同一地点、同一来源下是唯一的,不会出现重复或冲突等情况。但由于大数据来源多样化,保证大数据的唯一性是一个非常复杂和困难的问题。

6. 数据相关性

数据相关性是指不同数据之间存在的相关关系。在大数据分析中,数据的相关性可以帮助我们发现数据之间的关联和规律,从而进行更加准确、有效的数据分析和决策,例如建筑物的质量与其高度、地基深度、钢筋规格和用量、混凝土的强度等级、骨料粒径、水灰比、抗渗性等因素相关,因此在进行数据分析时,我们需要尽量采集全面的数据信息,以进行更准确的决策。

7. 数据时效性

数据的时效性指的是数据在时间上的敏感性和有效性。数据会随着时间的推移变得失真或陈旧,利用这些历史数据来进行数据分析和挖掘,得到的结果可能会脱离实际。例如在建筑领域,某工程项目通常通过分析前几个月或甚至几年前的设计规划和材料选择,来进行施工计划和成本估算。然而,这些数据在经过一段时间后可能已经不再反映当前的市场价格和最新的建筑技术,从而影响项目的实际执行和预算。

2.3 了解大数据预处理

通过大数据采集获得的各类数据，结合大数据质量管理的因素，往往可以筛选出大量"有问题"的数据。我们在进行大数据分析前，需要对这些"有问题"的数据进行预处理。

大数据预处理是一个广泛的领域，其总体目标是为后续的数据分析挖掘工作提供可靠和高质量的数据。大数据预处理主要是将从不同数据源采集过来的相对零散的数据，经过清洗、集成、转换等一系列的技术处理，最后将数据装载到数据仓库或数据库中的过程。大数据预处理的步骤主要包括数据清洗、数据集成、数据转换和数据脱敏等，如图 2-5 所示。

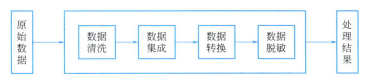

图 2-5　大数据预处理的主要步骤

2.3.1 数据清洗

大数据来源广泛，采集的原始数据质量不可控，存在着大量"有问题"的数据。数据清洗是数据质量管理过程中的重要一环，其作用主要是对数据进行审查和校验，如删除重复数据、纠正错误数据等。

数据清洗

数据清洗的基本原理是在对数据源的特点进行分析后，找出影响数据质量的原因，确定清洗目标，建立相关模型，应用清洗算法、制定清洗策略及清洗方案，最终将"有问题"的数据清洗掉，使数据满足质量要求。

数据清洗的应用范围较广，一般来说，大部分信息系统的数据都需要进行数据清洗。当前，数据清洗技术已经被广泛应用于多个领域。

1. 数据清洗的基本流程

数据清洗的基本流程相对复杂，主要可分为以下 5 个步骤。

（1）数据分析

数据清洗环节的数据分析是指通过人工或者软件工具对从各类数据源采集过来的数据进行分析，明确影响数据质量的主要因素。

（2）定义数据清洗的策略和规则

根据数据分析中得到"问题数据"的具体情况，设计并定义数据清洗的相应策略和规则，例如非空检测、主键重复、非法值清洗和数据格式检测等。

（3）搜寻并确定错误实例

搜寻并确定错误实例是根据已定义的数据清洗策略和规则，检测原始数据中的"问题数据",可分为人工检测和自动检测。人工检测不仅需要花费大量的时间、精力,而且很容易出错;自动检测往往是借助于一些程序算法,高效且不容易出错。

(4) 纠正发现的错误

根据"问题数据"的具体情况,执行相应的数据清洗和转换策略,解决原始数据中存在的质量问题。

(5) 干净数据回流

为了避免"问题数据"被再次重复清洗,数据清洗之后,干净的数据需要反向来替换原有的未被清洗的数据。在干净数据回流前,一般需要对原始数据进行备份,防止数据清洗失败需要回撤操作。

2. 数据清洗方式

数据清洗按照实现方式可以分为手工清洗和自动清洗。

(1) 手工清洗

手工清洗是通过人工方式对数据进行检查,发现数据中的错误并进行纠正。这种方式比较简单,只要投入足够的人力、物力、财力,虽然能发现错误,但效率低下。在如今信息爆炸的时代,尤其是在海量数据、数据结构复杂和数据关联性强等各种情况下,手工清洗几乎是不可能的。

(2) 自动清洗

自动清洗是通过计算机程序或者算法来进行数据清洗。一般来说,负责数据自动清洗的程序相对复杂,但是清洗效率较高,且不容易出错。

3. 数据清洗的类型

数据清洗是指对采集到的数据进行处理,以去除错误、不一致、缺失或重复的数据,以提高数据的质量和可用性。数据清洗主要包括以下几种类型。

(1) 缺失值处理

缺失值的存在会影响到数据分析的准确性和有效性,在数据预处理过程中,其常用方法有填充法、整体删除和变量删除等。

填充法是将缺失值填充为某个值,如平均值、中位数、众数等。这种方法简单易行,但可能会导致一定的偏差。例如,缺失某批次水泥的采购价格,可以根据该类型水泥前几批次和后几批次的价格,通过计算中位数来估算缺失项数据。

整体删除是将含有缺失值的样本整体删除,如果缺失值较多,这类处理方法将导致样本数量大量减少;变量删除是将与本次研究的相关性不强的变量数据删除,这种做法减少了供分析用的变量,但没有改变样本量。例如,在一项关于建筑能源效率的研究中,针对建筑使用历史数据,发现其中的某个变量,比如"建筑外墙颜色",在大多数案例中都没有明确记录,而且与建筑能源消耗的关系不强。因此,可以考虑将这个变量值删除,以提高建筑能源效率研究的数据质量和相关性。

(2) 异常值处理

通过设置数据的合理范围和规则,可以发现并处理超出正常范围或者逻辑上不合理的数据。例如,在一个建筑项目的数据中,记录了各个建筑物的建筑年龄字段,如果某个建筑物的建筑年龄被记录为 200 年,而在实际情况下这个建筑物是在过去 20 年内建造的,那么这个数值就属于异常值,需要进行数据处理和修正,以确保数据的准确性和合理性。

（3）重复值处理

大数据集中重复数据过多，会对数据分析和挖掘产生负面影响。因此，需要对数据进行重复性验证，对重复数据进行删除处理。

2.3.2 数据集成

数据集成是把不同数据源、不同格式类型的数据通过技术手段有机地集中起来，形成统一的数据集，从而为数据中心以及其他业务系统提供全面的数据开放和共享，例如浙江省大数据中心，集成了浙江省内大量的政府机关、企事业单位的业务数据。

数据集成

在实际数据集成过程中，通常会遇到很多问题，常见的有：同名不同义问题、属性冗余问题、数据值的冲突问题等。

1. 同名不同义问题

同名不同义是指对于同一实体相同名称的字段，其代表的含义不同。如表2-7中的"钢筋类型"与表2-8中的"钢筋类型"，虽然字段名称相同，但并不一定表示同一个含义。

钢筋价格表　　　　　　　　　　　　　　　　　　　　　　　　表2-7

ID	钢筋类型	品牌	规格（mm）	价格（元/t）	日期
1	螺纹钢	沙钢	φ25	4890	2023-10-07
2	螺纹钢	沙钢	φ8	5200	2023-10-07
3	螺纹钢	莱钢	φ15	5400	2023-10-07

钢筋入库表　　　　　　　　　　　　　　　　　　　　　　　　表2-8

ID	钢筋名称	品牌	钢筋类型	价格（元/t）	日期
1	螺纹钢	沙钢	φ25mm	4890	2023-10-07
2	螺纹钢	沙钢	φ8mm	5200	2023-10-07
3	螺纹钢	莱钢	φ15mm	5400	2023-10-07

2. 属性冗余问题

如果一个属性和另一属性近似或可以从另一属性中计算所得，那么这个属性就是冗余属性。如表2-9中，"female"和"月薪"属性分别可以从"性别"和"年收入"字段中推算出来，那么我们称"female"和"月薪"这两个属性为冗余属性。

人员数据表　　　　　　　　　　　　　　　　　　　　　　　　表2-9

人员编号	客户姓名	……	female	性别	月薪（千元）	年收入（千元）
0001	王庆		0	男	8	96
0002	李傲		0	男	7	84
0003	张世杰		0	男	6	72
0004	赵雪		1	女	7.5	90

3. 数据值的冲突问题

在现实世界中，来自不同数据源的同一属性的值也有可能不同，最常见的是字段标准定义不同。例如在数据源中，住房面积单位一般用平方米来表示，但也有一些数据源中用平方英尺来表示。

2.3.3 数据转换

数据转换是将数据从一种形式或表示转换为另一种形式或表示，从而使数据能满足后续数据处理。常见的数据转换策略有以下几种。

1. 平滑处理

噪声是指变量中的随机错误。平滑处理主要是去除数据中的噪声、异常值或不规则变动，从而使数据更加平滑和可靠，常用于处理时间序列数据或连续数据中的噪声。平滑处理有助于提高数据的可解释性、可视化效果和分析准确性，但可能会导致数据失真。

2. 聚集处理

数据聚集处理是指将多个数据项或数据集合合并为一个更大的数据集合的过程。数据聚集处理通常用于数据分析、统计计算、生成报告等任务，以获取更全面和综合的数据视图。例如时间窗口聚集，将每天的商品房销售套数和销售额进行聚合，就可以计算每月、每季度或者每年的销售套数和销售总额。聚集处理通常用于构造数据汇总模型或对数据进行多维度分析的模型。

3. 泛化处理

数据泛化处理是指对敏感数据进行一定程度的模糊化或抽象化，以保护个人隐私和敏感信息的安全。例如可以将年龄属性转化为更高层次的抽象信息，如青年、中年和老年。数据泛化处理常用于数据共享、数据发布或数据分析等场景中，旨在保持数据的整体特征而不暴露敏感细节。

4. 规范化处理

规范化处理是一种重要的数据转换策略，用于将不同尺度或不同范围的数据转换为统一的标准形式，以便更好地进行比较和分析。规范化处理可以消除数据之间的量级差异，使得不同特征的权重更加平衡。常用的规范化处理方法包括 Min-Max 规范化、Z-Score 规范化和小数定标规范化等。

2.3.4 数据脱敏

数据脱敏又称数据去隐私化，是在给定的规则、策略下对敏感数据进行变换、修改的技术，能够在很大程度上解决敏感数据在不可控环境中使用的问题，例如建筑施工要求实行实名制管理，录入个人身份信息、人脸信息等。这就需要对个人身份信息、人脸信息等敏感信息按一定的规则进行脱敏处理。数据脱敏后，一般只有被授权的管理员，才能通过特定的方法访问真实数据。

数据脱敏在对真实数据进行改造时，一般需要遵循以下原则。

（1）保持原有数据特征原则。保持原有数据特征原则是指在数据脱敏前后，数据特征应保持不变。例如，在建筑工程的图纸中，各个部分都有特定的标识和编码，如楼层编号、房间编号等。那么在进行数据脱敏时，需要确保这些特定标识和编码在脱敏后仍然保持不变，并且能够保留建筑图纸的结构和布局，以便后续的分析和处理，并且需要满足相关建筑规范和标准。

（2）保持数据的一致性原则。保持数据的一致性原则是指脱敏后的数据应该仍然保持一定程度的可用性和准确性，例如保持原有的数据格式、统计特性等，以满足数据分析和应用需求。

（3）保持业务规则的关联性。保持业务规则的关联性是指在数据脱敏时，确保数据之间的关联性以及业务语义等保持不变。例如建筑物的竣工日期、使用年限和建筑年龄之间的关联关系在数据脱敏后仍然保持不变，以便后续的建筑分析和决策。

数据脱敏的目的是通过一定的方法消除原始数据中的敏感信息，常见的数据脱敏方法有以下几种。

（1）数据替换。用设置的固定虚构值替换真实数据，以保护敏感信息。例如，将建筑项目名称中的关键词替换为通用词汇，如将"上海中心大厦"替换为"项目A"。

（2）掩码屏蔽。通过对敏感建筑数据的部分截断、加密、隐藏等方法，使其不再可识别和具备实际价值。如将建筑地址的详细信息替换为模糊的描述，以达到数据脱敏的目的，如"中国浙江省杭州市＊＊＊＊＊"。

（3）随机化。采用随机生成的建筑信息来代替真实数据，以保持脱敏后数据的随机性，同时模拟建筑项目的真实性，如用随机生成的项目名称和地址代替原始数据。

（4）仿真。根据建筑领域敏感数据的原始内容生成新的数据，保持与原始数据相同的编码和校验规则，以保留业务属性和关联关系。

2.4 大数据采集与预处理的常用工具

大数据采集与预处理一般也可以理解为一个 ETL 的过程,即将业务系统的数据 "Extract(抽取)""Transform(转换)""Load(装载)"到数据仓库的过程。ETL 的目的是将数据源中分散、凌乱、标准不统一的数据整合到一起,为企业的决策提供分析依据。接下来就来介绍几款常用的 ETL 工具。

1. Kettle

Kettle 中文名称叫水壶,意思是把各种数据放到一个壶里,然后以一种指定的格式流出。Kettle 是一款开源的 ETL 工具,纯 Java 编写,可以在 Windows、Linux、Unix 上运行,数据抽取高效稳定。Kettle 家族目前包括图形用户界面(GUI)工具 Spoon,命令行工具 Pan 和 Kitchen 以及用于在分布式环境中执行数据转换和作业的远程执行服务器 Carte 共 4 个产品。

2. OGG

OGG(Oracle Golden Gate),是 Oracle 公司的一款高性能、实时数据复制和数据集成软件,可以在异构的数据库之间进行实时数据复制和数据同步,支持多种数据库平台和操作系统,包括 Oracle、MySQL、SQL Server、DB2 等。OGG 是一种基于数据库日志的结构化数据复制工具,需要在源库启用强制日志,并安装配置 OGG 源端安装软件。OGG 没有内置图形用户界面,配置和管理相对复杂,需要一定的专业知识和经验。

3. Informatica

Informatica 是全球领先的数据管理软件提供商。Informatica 提供了一系列数据集成工具,如 ETL 工具 PowerCenter、基于云的数据集成解决方案 Cloud Data Integration、与各种源系统和目标系统进行直接连接和交互的数据集成插件 PowerExchange、企业间数据交换的解决方案 B2B Data Exchange 以及异构数据实时复制工具 Data Replication 等。

综合考核

在大数据时代,数据采集与预处理随处可见,同学们可以对建筑行业数据采集与预处理的情况进行调研。在调研和数据采集过程中,要遵循国家相关法律,并做好数据安全工作。

分组:班级同学分组,4~6人为一组。

任务:分组进入建筑工地,通过智慧工地管理系统了解安装了传感器的安全帽、工地的视频监控、温湿度传感器等物联网设备采集到的数据,体会工地现场是如何将数据记录、数据分析、数据建模、数字预测等各个环节有机融合,用于加强工地管理的。

成果:撰写不少于1000字的现场调研报告,要求图文并茂。

任务三

大数据存储

Task 03

知识目标

1. 了解大数据存储的定义；
2. 了解大数据的存储方式；
3. 熟悉各类大数据存储技术。

能力目标

1. 能够辨别不同的存储介质和存储方式；
2. 能够根据实际应用场景选择合适的数据库。

素质目标

1. 具有数据科学思维精神；
2. 挖掘大数据的蕴含规律，具备获取价值的正面力量。

随着大数据时代的到来，数据量呈爆炸式增长，数据类型和数据结构也变得越来越复杂。大数据时代的特点决定了我们终将面临数据体量巨大的存储压力。要想突破传统数据存储的瓶颈，我们必须引入大数据存储技术。

3.1 场景应用

大数据存储在建筑行业的应用有很多，通过大数据存储不仅可以提高建筑项目的效率和质量，还有助于降低成本、增强安全性，并改善客户与建筑环境的互动体验。通过利用大数据存储技术，建筑行业正在实现前所未有的创新和改进，为未来的建筑项目带来更多机遇和挑战。以下就大数据存储在建筑行业的典型应用场景进行简单介绍。

大数据存储的场景应用

1. 大数据存储在建筑信息模型（BIM）数据存储中的应用

BIM 是建筑行业中常用的数字化建模和协作工具。BIM 模型包含了建筑的几何形状、构件属性、时间和成本等信息。这些数据通常以结构化格式存储，并使用专门的 BIM 软件进行管理。大数据存储系统可以用于存储和管理大规模的 BIM 数据，以便进行协同设计、施工和运维。

2. 大数据存储在建筑传感器数据存储中的应用

建筑中使用各种传感器来监测温度、湿度、气压、能耗等数据。这些传感器产生的数据量庞大且实时性要求高。为了存储这些数据，建筑行业使用大数据存储技术，如分布式文件系统（如 Hadoop HDFS）或 NoSQL 数据库（如 Apache Cassandra），以处理高容量和高速率的传感器数据。

3. 大数据存储在建筑文档和报告存储中的应用

建筑项目涉及大量的文档、图纸、合同和报告等文件。这些文件通常以电子形式存在，并需要进行版本控制、共享和存档。大数据存储系统可以提供可扩展的存储容量和高效的文档管理功能，以便建筑项目团队可以方便地访问和共享项目文件。

4. 大数据存储在建筑历史数据存储中的应用

建筑的运营和维护需要长期保存历史数据，如设备维护记录、能耗数据、工单信息等。这些数据对于建筑性能评估、故障诊断和决策支持至关重要。大数据存储技术可以用于存储和管理大规模的历史数据，以便进行数据挖掘、分析和预测建筑的行为和性能。

大数据存储在建筑行业中发挥着关键作用，从智能建筑管理到施工过程的优化，再到安全监控和预测，都为该行业带来了巨大的变革。通过合理利用大数据存储技术，建筑公司能够实现更高效、更安全和更可持续的项目管理，从而提供更好的建筑品质和更满意的客户体验。

下面以大数据存储在中建集团集中采购中的应用为例进行介绍。

【应用背景】

中建集团是全球最大的工程承包商，经营业绩遍布国内及海外一百多个国家和地区，业务布局涵盖投资开发、工程建设、勘察设计、绿色建造、节能环保、电子商务等板块。近年来，中建集团邀请国际知名咨询公司，针对采购业务存在的集中采购比例低、采购价格偏高、采购工作效率不高、采购决策支持依据不足等问题进行了调研，确认了企业进行集中采购的必要性，而如何执行集中采购，以真正提高工作效率则需要进行积极实践。

【应用场景】

基于国家物料标准,中建集团建立了统一的存储标准物料库,现已存储各类建筑商品数据超 19 万条。针对这些数据,制定了数据存储标准物料的命名规则,包括物料编码、物料名称、规格型号、单位等,确保标准物料的唯一性和标准化。收集标准物料的信息包括物料的基本信息、技术参数、供应商信息等,建立标准物料的详细信息库。

如图 3-1 所示,这个标准物料库涵盖了各种物资、设备、钢材和有色金属等,实现了标准物料的统一管理和使用。利用标准物料库存储的数据,中建集团建立了统一的集采平台。以华东区域钢筋集采工作为例,集采范围覆盖华东 5 省(直辖市)的 9 个城市,包括济南、青岛、合肥、南京、苏州、上海、杭州、宁波、温州。华东区域钢筋需求 2017 年总量为 650 万 t,其中 9 个核心城市的需求量为 570 万 t,这些钢筋需求都由各单位通过企业资源计划系统(ERP)进行汇总。这一大规模数据的收集、存储和统计分析为集团业务决策提供了可靠的数据基础。

图 3-1 标准物料库

【应用成效】

以往各地区的集采需求汇总需要各级项目逐级进行,流程复杂,需要投入大量人力物力,耗时较长,且需求不能及时更新,现在通过大数据平台存储中心对需求进行及时汇总、实时更新,解放了人力,降低了组织成本,提高了工作效率。

大数据存储技术有效解决了传统数据存储的瓶颈,得到了广泛的应用。那么什么是大数据存储?下面我们从大数据存储的基本概念开始,了解一下数据存储的方式及大数据存储相关的文件系统。

3.2 了解大数据存储

大数据存储

随着互联网和物联网的迅猛发展,数据量呈现爆炸式增长,如何高效地存储和管理这些数据成为一个重要的问题。大数据存储需要选择合适的存储介质和存储方式,以满足数据存储、读写、备份和恢复等方面的需求,实现数据的高效存储、快速检索和可靠保护。

3.2.1 数据存储介质

数据存储介质是指存储数据的物理介质，是大数据存储的基础，需要根据不同的应用场景选择相应的存储介质。早期的数据存储介质通常分为磁带、光盘和磁盘三类，它们分别构成磁带库、光盘阵列、磁盘阵列三种主要存储设备。

1. 磁带

磁带是一种用于记录声音、图像、数字或其他信号的载有磁层的带状材料，比较常见的磁带有录音带、录像带、数据流磁带等，而存储市场上常说的磁带是指数据流磁带。磁带通过涂布在磁带表面的磁性颗粒记录数据，数据读写方式为顺序记录和快速定位读取。磁带不易受颠簸、地震等震动的影响，具有良好的加密机制，对于需长期保存的海量静态归档数据存储有一定的优势。磁带有成本低、能耗低的优点，但其读写速度慢的缺点也很明显。

2. 光盘

光盘分为 CD、DVD 和 BD 等几种类型。目前 CD 光盘已经停产，但历史保有量较大；DVD 光盘还在生产，但使用已经越来越少；BD 光盘具有清晰度高、存储量大的优点。光盘介质主要有只读性、不受电磁影响、方便大量复制等优势，使得光盘适用于对数据进行永久性归档备份的场景。

3. 磁盘

磁盘是指利用磁记录技术存储数据的存储器，目前使用的磁盘主要是硬磁盘，俗称硬盘或机械硬盘。磁盘是计算机主要的存储载体，可以存储大量的二进制数据。磁盘主要由用于存储数据信息的磁盘片、用于读写数据信息的磁头、用于盘片转动的电机、磁头磁盘控制器、数据转换器、数据缓存等组成。磁盘内盘片越多，数据信息存储容量就越大，数据记录速度就越快。

3.2.2 数据存储方式

数据存储方式是指将数据存储在计算机或其他设备中的方式，可以根据存储设备的连接方式分为直连式存储（Direct Attached Storage，即 DAS）、网络存储设备（Network Attached Storage，即 NAS）和存储区域网络（Storage Area Network，即 SAN）三种。

1. 直连式存储（DAS）

直连式存储是一种将存储设备直接连接到计算机或服务器的存储方式，数据可以通过直接访问存储设备的方式进行读写，如图 3-2 所示。DAS 可以是单个外置存储系统，也可以是多个外置存储系统组成的存储阵列。常见的 DAS 存储设备有硬盘、固态硬盘、光盘、磁带等，它们的容量范围从几十吉字节（GB）到数太字节（TB）不等。

DAS 能够解决单台服务器的存储空间扩展、高性能传输需求，但其也受到服务器或计算机本身的限制，如果服务器或计算机的总线带宽或接口速度较低，可能会影响 DAS 存储系统的性能和容量。DAS 发展至今已经有了数十年的使用历史，是相对常见的存储形式之一。

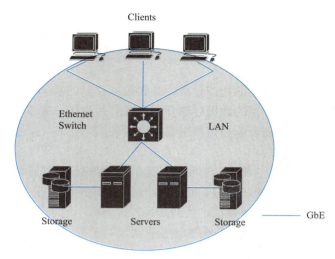

图 3-2 直连式存储

2. 网络存储设备（NAS）

网络存储设备是一种专门用于存储和共享数据的设备，它通过网络连接到计算机、服务器或其他设备，提供文件共享、数据备份、数据恢复等功能，如图 3-3 所示。

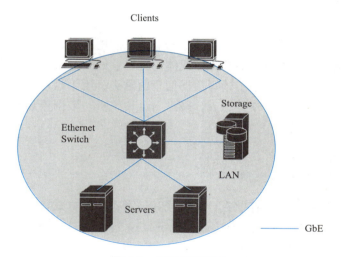

图 3-3 网络存储设备

NAS 主要特点是将存储设备和网络集成在一起，通过以太网网络来存取数据，主要用来实现不同操作系统下的文件共享。与传统的服务器或者直连式存储相比，网络存储设备的安装、调试和管理相对简单。在使用上，可以直接将 NAS 挂载在交换机上，通过简单的设置（如设置机器的 IP 地址）就可以在网络上即插即用地使用 NAS，并且支持在线扩容，从而保证数据流畅存取。

网络存储设备在具有高可用性、高扩展性、易于管理等优点的同时，存在设备成本较高、对网络依赖性强的缺点。常见的网络文件系统就是一种典型的 NAS。

3. 存储区域网络（SAN）

存储区域网络是一种专门用于存储和共享数据的高速网络，通过光纤通道交换机连接存储阵列和服务器主机，建立专用于数据存储的存储区域网络，从而保证主机和存储之间的高速访问，如图 3-4 所示。

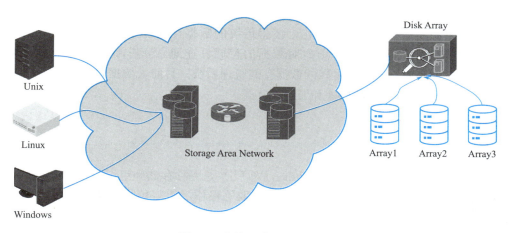

图 3-4　存储区域网络的应用

SAN 存储方式具有高性能、高可用性、高扩展性、高使用率等优点，但也存在着存储设备成本较高、管理复杂、对网络依赖性强等缺点。目前，这种存储方式在建筑行业主要应用于大型建筑项目以及建筑信息模型（BIM）设计过程中的高性能、高可用性场景。

3.3 大数据存储管理系统

大数据来源及数据类型的多样化,使得传统的数据存储和管理方式已经无法满足需求,同时由于数据价值的提升,用户对数据的存储、查询、分析和处理的要求也越来越高,需要有更加高效、安全、可靠的数据存储管理系统。目前大数据存储管理系统主要有分布式文件系统、NoSQL 数据库和云存储三类。

3.3.1 分布式文件系统

文件系统(File System,即 FS)是一种存储和组织数据的方法,实现了数据存储、分级组织、访问和获取等操作,使得用户对文件的访问和查找变得容易。

文件系统的主要作用是确定了文件命名的规则,例如文件名的长度、可以使用的合法字符、文件后缀的长度以及通过目录结构找到文件的指定路径的格式等。文件系统使用树形目录的抽象逻辑概念代替了硬盘等物理设备使用数据块的概念,用户不必关心数据底层存在硬盘哪里,只需要记住这个文件的所属目录和文件名即可。常见的文件系统见表 3-1。

常见的文件系统 表 3-1

名称	适用场景
New Technology File System(NTFS)	微软公司的 Windows
Extended File Allocation Table File System(ExtFAT)	用于支持 U 盘、闪存盘的存储
Hierarchical File System(HFS)	苹果公司的 Mac OS 系列
HFS 的改进版本(HFS+)	苹果公司的 Mac OS 系列
Apple File System(APFS)	苹果公司的 Mac OS 系列
Second Extended File System(Ext2)	Linux 系列操作系统

文件系统在诞生之初是为本地存储的数据服务的,即本地文件系统模式,所管理的文件都存储在本地设备上,例如个人 PC 电脑本地的 C、D 盘等。因为本地设备存储能力有限,无法进行大幅度扩展,难以满足大数据存储的需求,而且单机模式下所存储的数据没有备份,存在单点故障风险,因此分布式文件系统应运而生。

分布式文件系统是基于分布式理念的文件系统,将固定于某个地点的某个本地文件系统扩展到多个地点和多类型的文件系统。

相对于传统的本地文件系统而言,分布式文件系统所管理的存储资源并不是全部直接连接在本地节点上,而是通过计算机网络管理连接多个节点的存储资源,这些节点可能位于不同的机柜、机房甚至是不同地域,将这些相对分散的存储节点组成一个文件系统网络,通过网络进行节点之间的通信(表 3-2)。

任务三 大数据存储

分布式文件系统与传统文件系统的区别　　　　　　　　　　表 3-2

	传统文件系统	分布式文件系统
存储方式	基于本地磁盘的存储方式	基于网络的存储方式,可以将数据存储在多个节点上,实现数据的分布式存储和备份
数据访问方式	单机访问	可以通过网络访问,可以实现多个节点同时访问数据,提高数据的访问效率和速度
数据可靠性	依赖于本地磁盘的备份和恢复	采用多副本备份和容错技术,保证数据的可靠性和安全性
扩展性	受限于本地磁盘的容量和性能	通过增加节点的方式进行扩展,可以支持海量数据的存储和处理
管理方式	本地管理	分布式文件系统需要进行集中管理,包括节点管理、数据管理、安全管理等

在使用分布式文件系统时,数据可能存储在多个节点上,但使用者无须关心数据具体存储在哪个节点或者是通过哪个节点获取,就像使用一个本地的文件一样方便,如图 3-5 所示。

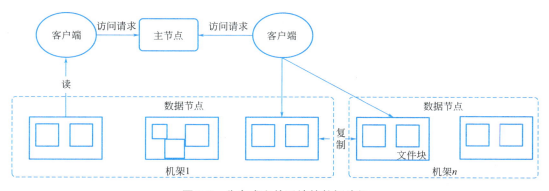

图 3-5　分布式文件系统的数据访问

典型的分布式文件系统主要有网络文件系统（Network File System,即 NFS）、通用并行文件系统（General Parallel File System,即 GPFS）、谷歌文件系统（Google File System,即 GFS）和分布式文件系统（Hadoop Distributed File System,即 HDFS）等。

1. 网络文件系统（NFS）

网络文件系统是一种允许不同计算机之间共享文件和存储设备的分布式文件系统,其原理是将文件系统挂载到网络上,可以实现多个计算机之间的文件和存储设备的共享,提高数据的共享和利用效率,例如多台计算机共享一台打印机等,如图 3-6 所示。

2. 通用并行文件系统（GPFS）

通用并行文件系统是一种高性能、可扩展、可靠、灵活、安全的并行文件系统,可以支持大规模的数据存储和处理,适用于高性能计算、大数据分析等领域。

3. 谷歌文件系统（GFS）

谷歌文件系统是谷歌公司为了存储其业务系统中的海量数据搜索而设计的专用的分布

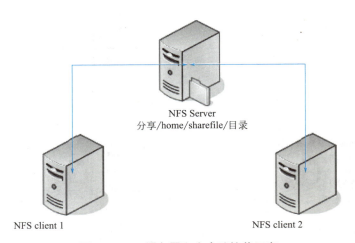

图3-6 NFS服务器和客户端挂载示意

式文件系统,采用了数据切块、数据复制、数据读写、数据恢复、数据负载均衡和数据安全性等技术,用于存储和管理大规模的数据。

4. 分布式文件系统(HDFS)

分布式文件系统是 Apache Hadoop 项目的核心组件之一,被称为分布式存储之王,主要用于存储和管理大规模的数据。相比于其他文件系统,HDFS 文件系统具有以下优点:

(1) 支持超大文件的存储。HDFS 可以存储和管理 TB 或 PB 级别的超大数据文件,能够提供比较高的数据传输带宽与数据访问吞吐量。

(2) 数据处理效率高。HDFS 可以将常用的数据缓存到内存中,减少数据库的读写操作,提高数据处理效率。

(3) 容错性高。HDFS 可以将数据复制到多个节点上,当部分数据节点无法工作时,HDFS 可以从其他数据节点找到备份数据,提高数据的可靠性和可用性。

(4) 支持多种数据类型存储。HDFS 可以支持多种数据类型,如文本、图片、视频等,方便应用程序的使用。

3.3.2 数据库

数据库(Database)是按照数据结构来组织、存储和管理数据的仓库。随着信息技术的发展,数据管理不再仅仅是存储和管理数据,而转变成用户所需要的各种数据管理的方式。数据库有很多种类型,按存储的数据类型,数据库可以分为传统的关系型数据库和非关系型数据库。

关系型数据库最典型的数据结构是二维表,并由二维表及其之间的联系所组成的一个数据组织。非关系型数据库严格上不是一种数据库,应该是一种数据存储方法的集合。关系型数据库与非关系型数据库是两种不同的数据存储方式,各有优缺点,如表3-3所示。

关系型数据库与非关系型数据库的比较　　　　　　　　　　表 3-3

比较标准	关系型数据库	非关系型数据库
数据规模	大	超大
数据库模式	需要定义数据库模式,设置数据定义和约束条件	不存在数据库模式,可以自由灵活存储不同类型的数据
查询效率	因其索引机制可以实现快速查询	没有面向复杂查询的索引,在复杂查询方面的性能仍然不如关系型数据库
扩展性	很难实现横向扩展,纵向扩展的空间也比较有限	在设计之初就充分考虑了横向扩展的需求,可以很容易通过添加廉价设备实现扩展
可用性	优先保证数据一致性,其次才是优化系统性能	提供较高的可用性

1. 关系型数据库

关系型数据库（Relational Database，即 RDB），是指建立在关系模型基础上的数据库。关系型数据库存在大量的关系数据表和其他逻辑结构，其使用结构化查询语言（SQL）作为数据库操作语言，所以也将其称为 SQL 数据库。关系型数据库主要以 Oracle、MySQL、Microsoft SQL Server 为代表，但近年来，国产数据库产业也进入快速发展期，各类关系型数据库产品已经超过 100 个，如达梦数据库（DM）、金仓数据库管理系统（KingbaseES）、阿里数据库系统（OceanBase & PolarDB）等。

关系型数据库是目前结构化数据的主流存储方式，具有独特的优势，例如关系型数据库具有良好的交互性，任何掌握了 SQL 语言使用方法的用户均可以操作数据库，无需具有其他计算机语言基础；关系型数据库采用一种称为标准化的设计技术，用户能够跨平台、跨系统运行数据库系统，并能很好地支持第三方软件和工具，例如 Navicate、PL/SQL Developer 等。

随着互联网和物联网的快速发展，非结构化、半结构化数据量大幅度增长，传统关系型数据库已经无法满足大数据的存储需求，包括对海量数据的管理需求、数据高并发的需求、数据高可扩展性和高可用性的需求等。

2. 非关系型数据库

非关系型数据库即 NoSQL 数据库，NoSQL 是"Not Only SQL"的英文简写。NoSQL 数据库是非关系型（non-relational）数据库的统称，它并不专指某一个产品或一种技术，而是代表一类产品及一系列不同类型的数据存储与处理技术。

NoSQL 数据库的诞生和引入并不是为了取代关系型数据库，它们两者之间是一种互补的关系，两者都具备其不可取代的特性，从而应对各类复杂的应用场景需求。典型的 NoSQL 数据库通常包括键值数据库、列簇数据库、文档数据库和图形数据库等，如图 3-7 所示。

（1）键值式存储和键值数据库

在建筑行业中，键值式存储（Key，Value）是一种数据库组织、索引和存储数据的方法。在这种方法中，键（Key）通常是建筑物或项目的唯一标识符，而值（Value）则可以包含与该建筑物或项目相关的各种信息和数据。键的名称必须保持唯一，以确保数据的正

图 3-7　常见的 NoSQL 数据库

确组织和检索。如表 3-4 所示，在建筑行业中，可以使用键值式存储来管理建筑物的信息。每个建筑物可以被分配一个唯一的键，如建筑物唯一编码，而与该键相关的值可以包括建筑物的名称、地址、建筑材料、施工计划、预算信息等。这些值可以随着建筑项目的发展而不断更新，而键值式存储允许数据的水平扩展，以适应不断增长的建筑信息需求。键值式存储在建筑行业中是一种有效的数据存储方式，用于组织和管理建筑项目的关键信息，并允许数据的灵活扩展和检索。

建筑预算信息键值式存储示例　　　　　　　　　　　　表 3-4

Key（唯一编码）	Value（建筑物名称）
00000001	上海中心大厦
00000002	伦敦塔桥
00000003	浙江环球中心
00000004	杭州奥体中心

采用键值式存储的数据库称为键值数据库，键值式存储是 NoSQL 数据库中最简单、最常用的存储方式。常见的键值数据库有 Redis、SimpleDB 等。

键值数据库是理想的缓冲层解决方案，在键值数据库和应用程序之间增加一层缓冲层（memcache），将常用的数据缓存到内存中，减少对数据库的读写操作，提高读写性能；同时缓冲层还可以对数据库进行监控和管理，如数据备份、数据恢复、数据迁移等，提高数据库的可靠性，如图 3-8 所示。

任务三 大数据存储

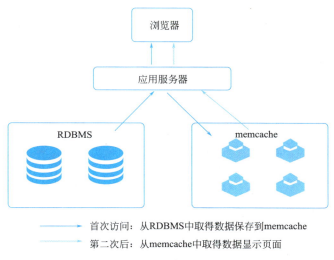

图 3-8 键值数据库的访问

（2）文档式存储和文档数据库

文档式存储是将数据按照文档的形式存储。在文档式存储中，文档被视为一个完整的数据单元，通常使用一种结构化格式（如 JSON 或 XML）表示。文档可以包含不同类型的数据，例如文本、数字、日期、嵌套文档等。文档式存储通常以文件或集合的形式组织数据，每个文件或集合对应一个或多个文档。文档式存储提供了一种灵活的数据模型，适用于存储半结构化和非结构化数据。

文档数据库是一种专门用于存储和管理文档式存储数据的数据库系统。文档数据库在存储数据前，并不需要像关系型数据库那样需要预先设计和建立表结构。文档数据库主要适用于大规模数据存储和处理场景，如电子邮件、社交网络聊天记录等。目前广泛使用的文档数据库有 MongoDB、Couchbase 等。

（3）列式存储和列簇数据库

列式存储是与行式存储相对而言的。行式存储是将数据表的所有列依次排成一行，以行为单位存储，每一行作为一个数组。如图 3-9 所示，行式存储将一行数据存储在物理上相邻的位置，在对数据进行增删改查一整行数据操作时比较便利，但每个查询操作都需要遍历整个表。

SSN	Name	Age	Addr	City	St
101259797	SMITH	88	899 FIRST ST	JUNO	AL
892375862	CHIN	37	16137 MAIN ST	POMONA	CA
318370701	HANDU	12	42 JUNE ST	CHICAGO	IL

图 3-9 行式存储

列式存储是将同一列的数据一个接一个紧挨着存储在一起，表的每一列构成一个长数组，如图3-10所示。列式存储在对一整行数据进行增删改查时，需要同时增删改查多个列，但当增删改查只涉及部分列时，只需要遍历相关的列，而且由于每一列的数据都是相同类型的，彼此间相关性更大，对列数据压缩的效率较高。

SSN	Name	Age	Addr	City	St
101259797	SMITH	88	899 FIRST ST	JUNO	AL
892375862	CHIN	37	16137 MAIN ST	POMONA	CA
318370701	HANDU	12	42 JUNE ST	CHICAGO	IL

101259797|892375862|318370701|468248180|378568310|231346875|317346551|770336528|277332171|455124598|735885627|387586301

Block 1

图 3-10　列式存储

列簇数据库是一种基于列式存储的数据库系统，它专门针对列式存储进行了优化。在列簇数据库中，数据被组织为列簇（Column Family），每个列簇包含一组相关的列。列簇数据库使用列式存储来提高数据的查询性能和压缩率，对于列式数据的增删改查操作具有非常大的读写优势。目前广泛流行的列簇数据库主要有Cassandra、HBase（Hadoop Database）等。

（4）图形式存储和图形数据库

图形式存储是一种可以将相关数据按照图形的形式存储的方法，其中每个节点代表一个实体，而每个边表示实体之间的关联或关系。这种图形式存储方法在建筑行业具有出色的灵活性、可扩展性和数据可读性，使得数据查询和分析变得更加方便。

采用图形式存储的NoSQL数据库，被称为图形数据库。它运用图论的思想，将相关数据以图模型的方式进行组织和存储。例如，在建筑领域，建筑物、建筑材料、施工团队等都可以表示为节点，它们之间的关系，如建筑物的用材、施工队伍的参与等，都可以表示为边，如图3-11所示。在这种图数据库中，可以执行各种复杂的查询和分析，例如查

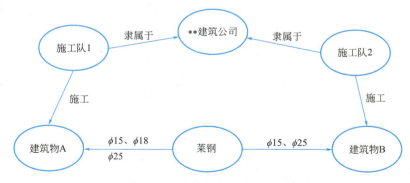

图 3-11　建筑数据图形式存储

找共享相同建筑材料的项目，或者识别施工团队之间的协作关系等。图形式存储和图形数据库在建筑行业中可以用于更好地组织、管理和分析建筑相关数据，从而提高建筑项目的效率和质量。

在图形数据库中，对数据的查询就是对图形的遍历。因此，图形数据库有利于研究实体之间的关系，这是其他 NoSQL 数据库无法比拟的优势。常见的图形数据库包括 Neo4J、InfoGrid 等。

 **综合考核**

　　互联网时代的数字化转型给建筑行业带来更多的机会,建筑行业越来越重视大数据的价值,将符合行业规范的数据视为企业的重要资产。随着物联网和传感器技术的发展,建筑行业产生的数据量不断增加,如设计文件、施工图纸、设备数据、监测数据等。

　　分组:班级同学分组,4~6人为一组。

　　任务:调研建筑行业或其他企业数据存储的演进过程,包括存储介质和存储方式等,并比较各类存储介质和存储方式的特点、性能等方面的差异。

　　成果:提交一份不少于800字的建筑行业或企业数据存储演进过程报告,可附上相应的图片。

任务四 大数据分析与挖掘

Task 04

知识目标

1. 了解大数据分析与挖掘的定义;
2. 熟悉大数据分析的方法;
3. 了解大数据分析与挖掘的工具。

能力目标

1. 能根据实际数据及分析目的选择合适的分析挖掘工具;
2. 能使用相关工具来进行简单的数据分析和挖掘。

素质目标

1. 要求合法合规地使用数据,具有社会责任感;
2. 具备数据表达能力和信息传递能力。

大数据分析和挖掘是大数据处理过程中非常重要的应用技术。各个行业要想在大数据中获取有价值的信息,就必须充分运用数据分析和挖掘技术。大数据分析和挖掘的目的就是从海量、杂乱无章的数据中获取所需要的信息,通过分析、处理后,得到相应的有价值的信息。站在大数据价值体现的角度来讲,数据的分析与挖掘是非常重要的一环。

4.1 场景应用

大数据分析与挖掘场景的应用

大数据分析与挖掘在建筑行业各个领域均有广泛应用。传统的管理方法往往基于经验和规则,难以全面、准确地评估项目的进展和风险。通过对大数据的深入分析和挖掘,可以发现一些潜在问题和改进空间,为决策提供科学依据,提高管理效率和质量。以下就大数据分析与挖掘在建筑行业的典型应用场景进行简单介绍。

1. 大数据分析与挖掘在建筑能源管理中的应用

通过大数据分析与挖掘,可以对建筑的能源使用进行深入的分析和优化。通过收集和分析建筑内部和外部的各种数据,如温度、湿度、光照、能耗等,可以识别能源浪费的模式和潜在的节能机会。基于这些分析结果,可以制定有效的能源管理策略,优化建筑的能源使用,降低能源成本,提高能源效率。

2. 大数据分析与挖掘在建筑结构分析和优化中的应用

大数据分析与挖掘可以帮助建筑专业人员对建筑结构进行深入的分析和优化。通过分析传感器数据、结构监测数据和历史数据,可以实时监测建筑结构的健康状况,识别结构的潜在问题和风险。同时,可以使用大数据分析技术来优化建筑结构的设计和施工方案,提高结构的安全性、可靠性和效率。

3. 大数据分析与挖掘在建筑预测和模拟中的应用

大数据分析与挖掘可以用于建筑的预测和模拟。通过分析历史数据、气象数据、人员活动数据等,可以建立建筑的行为模型和预测模型。这些模型可以用于预测建筑的能耗、室内环境、人员流动等,帮助建筑专业人员做出合理的决策,优化建筑的设计和运营。

4. 大数据分析与挖掘在建筑设备智能维护中的应用

通过大数据分析与挖掘,可以实现建筑设备的智能维护和管理。通过分析设备运行数据、性能指标和故障记录,可以实时监测设备的运行状态,识别潜在的故障和问题,并提供预警和维护建议。这有助于提高设备的可靠性、延长设备的寿命,减少设备故障对建筑运营的影响。

下面以大数据分析与挖掘技术在中建三局决策中的应用为例进行介绍。

【应用背景】

中国建筑第三工程局有限公司(以下简称中建三局)是世界 500 强企业——中国建筑的重要全资子公司。对大型施工企业而言,要在投资活跃、地域性强、窗口期短、专业化程度要求高的基础设施领域做到有备而战,就要求企业有能力随时把握当地建设趋势和方向,识别地区发展机遇,统筹布局自身企业战略、人员梯队、技术积累、资源配套等一系列工作,大数据分析与挖掘技术的应用为这一问题的破解提供了新思路、新方法。

【应用场景】

中建三局通过采集全国各个地方政府机构发布的建设行业相关指导政策文件,再利用分词等大数据分析与挖掘技术进行信息提取,抽提出文件中核心描述的内容,然后利用文本分类技术，挖掘出基建相关的导向方向。例如在对杭州市综合交通发展"十三五"规划进行分析时，为了尽可能全面地呈现规划文件中挖掘的大量文字内容，研究人员选择了"词云图"为呈现方式，用字体的大小表示内容在规划文件中出现的频率，文字越大，出现次数越多，如图 4-1 所示。

图 4-1 杭州市综合交通发展"十三五"规划分析

【应用成效】

大数据分析与挖掘方法可运用于全国各地基础建设市场的分析，再结合对各地经济体量、总体投资规模的统计，挖掘出全国范围内基础建设项目的关键指标，并通过横向对比，帮助企业有效判断热点地区和热点领域，合理制定营销策略。

大数据分析和挖掘是大数据处理过程中非常重要的应用技术。各个行业要想在大数据中获取有价值的信息，就必须充分运用数据分析和挖掘技术。那什么是大数据分析和挖掘呢？下面我们从大数据分析和挖掘的基本概念开始，了解一下大数据分析与挖掘的基本方法和常用工具。

4.2 了解大数据分析

在当前的大数据时代,各行各业都开始认识到数据的价值并积极探索其潜力,"适者生存"这一原则在此背景下显得尤为重要。为了适应并引领时代发展,各行各业都在积极研究和利用大数据,以期从中获取有助于自身发展的信息和策略。

4.2.1 什么是大数据分析

大数据分析的概念

大数据分析是对海量数据进行深入研究的过程,旨在发现其中的规律、模式和趋势等有潜在使用价值的信息,以形成有利于企业发展的结论。未经处理和分析的数据,如果不与特定的行为或现象建立联系,其价值将无法体现。

大数据的价值在于其海量、快速和真实性等特性,它所揭示的信息有时可能颠覆人们的传统观念。例如,某建筑设计软件的数据显示,选择现代风格建筑的男性比女性多出一倍以上。又如,尽管人们普遍认为现代风格和欧式风格是中国最受欢迎的建筑风格,但某建筑装饰公司的数据显示,实际上最受欢迎的是传统中式风格。这些例子都说明事实不一定与大家设想的一样,我们要以技术的分析手段来让数据说话。

在现代信息技术不断创新的背景下,大数据分析技术的发展已经成为推动全球经济转型升级的重要力量,在商业变革中起着关键作用。在建筑行业,大数据的巨大潜能可以体现在对建筑项目数据的处理和分析能力上。例如,一家建筑设计公司通过运用大数据技术,收集并分析全球各地的建筑项目数据,这些数据包括建筑类型、设计风格、材料选择等信息。通过对这些数据的深度处理和分析,他们能够迅速掌握不同地区的建筑趋势和市场需求,从而在设计新项目时作出更为明智的决策。

与传统的数据分析相比较而言,大数据分析可以认为是传统数据分析的进一步发展。为了深入理解大数据分析的含义,我们将大数据分析从以下三个方面与传统数据分析进行比较。

1. 分析对象方面

传统的数据分析主要基于小样本、结构化、关系型的数据进行,即通过分析一个较小的样本数据集来预测和判断整个数据全集。这就要求所采集的小样本必须具有高质量,否则预测结果可能会存在较大偏差。然而,在大数据时代,这种理念已经发生了根本性的变化。当前的大数据分析是对整个数据全集进行分析,而且要对大数据中的一些噪声具有一定的包容性。

2. 分析模型方面

传统的数据分析主要依赖小样本数据,通过推理数据间的因果关系来进行全局数据的分析和预测。在建筑设计领域,传统的数据分析方法可能会关注建筑材料的选择与建筑性能的关系,或者设计风格与用户反馈的关系等。然而,大数据分析则基于对整个数据全集的分析，其重点并非数据间的因果关系，而是数据的关联性和规律性。例如，通过对大量建筑项目数据的分析，可以发现某种材料在不同类型建筑中的应用趋势等。这种关联性和规律性的发现，可以帮助建筑设计公司更准确地把握市场需求和趋势，从而做出更有针对性的设计决策，而这种关联性和规律性在传统的小样本数据分析中是很难被发现的。

3. 分析时效性方面

传统的数据分析通常是离线进行的，即先搜集、清洗、存储，然后进行分析，对时效性的要求相对较低。然而，大数据分析往往对时效性要求较高，例如智能建筑工地态势分析，需要根据传感器和摄像头采集到的施工人员的实时行为数据和环境数据进行分析，判断施工人员是否存在危险作业或处于危险环境，并实时发出预警。

4.2.2 大数据分析的方法

目前，常用的数据分析方法包括对比分析法、分组分析法、综合评价分析法和漏斗图分析法等。

1. 对比分析法

对比分析法是一种将两个或多个数据进行比较的分析方法，其目的是分析这些数据的差异，以揭示这些数据所代表的事物的发展变化情况和规律性。对比分析法的优点在于，它能够直观地展示事物在某方面的变化或差距，并且能够以准确和量化的方式表示这种变化或差距。

在使用对比分析法时，需要确保对比的对象具有可比性，同时对比指标的口径范围、计算方法和计量单位必须保持一致，即需要使用相同的单位或标准进行衡量。在建筑领域，通过该方法可以对同一建筑项目在不同时间段内的数据进行对比，以分析建筑项目的发展趋势和变化。如一家建筑公司利用时间对比法对其过去五年的建筑项目进行分析，发现在过去几年中，客户对于环保和可持续发展的要求越来越高，因此在未来的设计中需要更多考虑这些因素。

2. 分组分析法

分组分析法主要是根据研究对象的特性，按照一定的标准，将其划分为若干个具有不同性质的组，使组内的差异最小，而组间的差异最大。在进行分组分析时，必须遵循穷尽原则和互斥原则。通过进一步分析其内在的数量关系，我们可以寻找事物发展的规律，从而更准确地分析和解决问题。例如使用分组分析法对某建筑公司的建筑材料质量分析，将钢材按照材质分成碳钢、低合金钢、不锈钢三种，然后对不同材质的钢材质量进行比较和评估，以指导其在建筑项目中的选择和使用。

3. 综合评价分析法

综合评价分析法是运用多个指标对多个参评对象进行评价的方法，其基本思想是将多个指标转化为一个能反映综合情况的指标来进行评价。

综合评价分析法允许建筑设计团队综合考虑多个指标，从而更全面地评估建筑项目的可持续性，并在决策过程中进行权衡和选择。例如某个建筑设计团队需要评估两个不同的建筑方案，可以综合评价多个指标，如能源效率、环境友好性、社会影响等，来确定哪个方案更具可持续性。在评估开始前，该团队需要将这些指标量化，并为每个指标设定权重，以反映其在可持续性评估中的重要性；在评估时，需要分别计算每个方案在各个指标上的得分；然后根据各个指标的权重，得到每个方案的综合评分。通过比较两个方案的综合评分，团队就可以确定哪个方案更具可持续性。

4. 漏斗图分析法

漏斗图分析法适用于业务流程比较规范、周期比较长、各环节流程比较复杂、业务比较多的情况。在业务流程中使用漏斗图可以很快地发现业务流程中哪些环节存在问题，并且用一种直观的方式说明问题所在。例如某建筑公司可以通过漏斗图分析公司建筑项目的总体建设情况，来发现可能存在的问题。首先，该建筑公司需要确定整个分析流程，包括设计、施工、验收等环节；然后，根据收集到的每个环节的相关数据，如设计阶段的时间、施工阶段的质量问题数量、验收阶段的通过率等，绘制一个漏斗图，如图 4-2 所示，将各个阶段的数据以不同的宽度表示。设计阶段可能有 100 个项目进入，但只有 80 个项目成功完成；施工阶段可能有 80 个项目进入，但只有 60 个项目没有质量问题；验收阶段可能有 60 个项目进入，但只有 50 个项目通过验收。

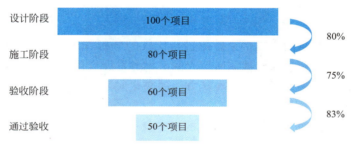

图 4-2　项目流程漏斗图分析法

通过观察漏斗图，建筑公司可以很快地发现项目流程中存在的问题，如设计阶段的成功率较低，可能意味着设计团队需要改进设计流程或提高设计质量；施工阶段的质量问题较多，可能需要加强施工管理或提供更好的培训等。

4.3 了解大数据挖掘

随着信息技术的迅速发展，许多行业包括企业、研究机构和政府机构，都积累了大量的数据，这些数据往往隐藏着许多有价值的信息，如果仅依靠简单的数据库查询、检索和统计，这些价值信息的获取可能会非常困难。因此，大数据挖掘技术应运而生。

大数据挖掘

4.3.1 什么是大数据挖掘

大数据挖掘是一种从大量的、有噪声的、不完全的、模糊的、随机的……实际应用数据中，提取有效的、新颖的、潜在有用的知识的过程，是大数据分析的一个子领域，但大数据挖掘更强调对大数据的探索和发现。大数据挖掘过程融合了数据库技术、人工智能、机器学习、模式识别、模糊数学和数理统计等领域的最新研究成果，是一个多学科交叉的研究领域。大数据挖掘所得到的信息应具有未知性、有效性和实用性等多个特征。

相比传统的数据挖掘主要针对结构化数据、小样本数据及数据间的因果分析，大数据挖掘主要侧重于对大规模、全量、非结构化数据的分析，挖掘数据之间的潜在关联和模式。

4.3.2 大数据挖掘的方法

大数据挖掘可以帮助决策者分析历史数据和当前数据，探索和发现隐藏的关系和模式，从而进一步预测未来可能发生的行为。

常用的大数据挖掘方法主要有分类分析、聚类分析、关联分析、异常分析等。

1. 分类分析

分类分析是从数据集中找出一组数据对象的共同特点，按照预先定义的分类模式将其归为不同的类，其目的是通过分类模型，将集中的所有数据都映射到某个预定的类别。例如建筑材料供应商希望根据客户的采购行为和需求特点，将客户分为不同的类别，以便更好地进行市场营销和服务。在进行分类时，供应商需要先收集客户的采购数据，包括采购建筑材料的种类、采购数量、采购频率等；然后，找出客户的共同特点，并根据这些特点将客户归为不同的类别。比如一些客户可能更注重采购高品质的建筑材料，而另一些客户可能更关注价格优惠。通过分类分析，供应商可以更好地理解客户的需求和偏好，并根据不同类别的客户提供个性化的市场营销和服务。对于注重品质的客户，供应商可以向他们推荐高品质的建筑材料，并提供相关的技术支持和售后服务。而对于注重价格的客户，供应商可以提供更多的促销活动和折扣。

2. 聚类分析

聚类分析不需要预先定义类别，而是根据对象相似性和差异性，将其划分成若干类，其目标是使同类别的对象之间具有很大的相似性，而不同类别的对象之间具有很大的差异性。例如建筑公司想要对他们的客户进行市场细分，以便更好地了解客户需求并提供个性化的建筑解决方案。首先，建筑公司需要收集客户的相关数据，比如客户的年龄、收入水平、家庭类型、住房需求等；然后，使用聚类分析算法，将客户分为若干个群体，每个群体代表一类具有相似特征的客户。假设公司收集到了 100 个客户的数据，使用聚类算法将客户分为 3 个群体。分析结果显示，第一个群体的客户年龄较大，收入水平较高，家庭类型为中高收入家庭，住房需求为豪华别墅；第二个群体的客户年龄较小，收入水平较低，家庭类型为年轻夫妇，住房需求为小型公寓；第三个群体的客户年龄中等，收入水平中等，家庭类型为中等收入家庭，住房需求为独立别墅。

通过聚类分析，建筑公司可以更好地了解不同群体客户需求和偏好，根据每个群体的特征，开发出适合他们需求的建筑产品和服务。对于第一个群体的客户，建筑公司可以推出豪华别墅项目；对于第二个群体的客户，建筑公司可以推出小型公寓项目；对于第三个群体的客户，建筑公司可以推出独立别墅项目。通过聚类分析，建筑公司可以更加精确地了解客户需求，提供个性化的建筑解决方案，提高客户满意度和市场竞争力。

聚类分析可以作为分类分析的前置步骤，用于发现数据对象结构，从而更好地进行分类任务。

3. 关联分析

关联分析，也被称为关联挖掘，是指在交易数据、关系数据或其他信息载体的基础上，查找存在于项目组或对象组之间的频繁模式、关联、相关性或因果结构。如某建筑公司的项目管理数据中包含了各个工程阶段的详细记录，如设计、施工、验收等环节，运用关联分析算法分析后的结果显示，在设计阶段完成后，施工阶段出现问题的概率较大，如进度延误、成本超支等。这个发现对于建筑公司的项目管理具有重要的指导意义。首先，它可以帮助公司在设计阶段就加强风险评估和控制，预防可能出现的问题；其次，它也可以指导公司在施工阶段加强监督和协调，以确保项目的顺利进行。

4. 异常分析

异常分析是对差异以及极端特例的描述，用于揭示事物偏离常规的异常现象。大数据中经常包含一些偏离了大部分数据的样本，但这些样本的偏离并非是由随机因素引起的，这些数据被称为"异常数据"。异常分析常用于建筑结构的分析，例如在建筑项目中，大部分建筑物的结构设计都符合标准要求，但突然出现了一座建筑物的结构异常，可能导致其强度不足或者存在安全隐患。这种异常结构可能是由于设计错误、施工质量问题、材料选择错误或者其他非常规因素引起的。通过对这个异常数据进行分析，可以找出造成异常的原因，并采取相应的措施进行修复或改进，确保建筑物的结构安全可靠。

4.4 大数据分析与挖掘的常用工具

大数据分析与挖掘的工具非常多,接下来就来介绍一下几款常用的大数据分析挖掘工具。

1. R-编程

R-编程是一款免费好用的大数据分析工具,主要用于统计分析、绘图、数据挖掘等。它与操作系统的兼容性也比较好,能够兼容 macOS 和 Windows 等操作系统。大数据分析和挖掘过程中,R-编程可以被运用在各种统计分析的场景中,例如时间序列分析、聚类分析以及线性与非线性建模等。

2. RapidMiner

RapidMiner 是一款预测性分析和数据挖掘的软件,可以在它的界面上通过拖拽来实现建模,不需要编程,比较容易上手,且运算速度较快,常用于解决各种商业问题,如客户群体细分服务、客户营销响应率、客户忠诚度、资产维护、资源规划、预测性维修、社交媒体监测等。

3. Zoho Analytics

Zoho Analytics 是一款适合初创企业和入门级企业的 BI 工具,可以无缝地用于数据分析,并创建具有视觉吸引力的数据可视化效果,可以帮助我们直观地分析数据以更好地理解原始数据。

4. SAS

SAS 是一种广泛使用的统计分析软件套件,由 SAS Institute 开发和维护。SAS 提供了一系列功能强大的工具和库,用于数据管理、数据分析、数据挖掘、统计建模、预测分析和报告生成等任务。

5. Orange

Orange 是一个基于组件的数据挖掘软件,包含了完整的一系列的组件以进行数据预处理,并提供了数据账目、过渡、建模、模式评估和勘探的功能。Orange 界面友好易于使用,是一个面向新手和专家的开源的机器学习和数据可视化工具。

综合考核

随着信息技术的迅猛发展，信息共享和协作的成本大大降低。我们每天在建筑工地上进行的各种活动，比如测量、设计、施工等，为建筑行业提供了大量宝贵的数据。这些数据通常被收集、存放在数据库中，没有强有力的工具，理解它们已经远远超出了我们的能力。同学们可以选择一个与建筑相关的数据维度进行调研。在进行调研时，对获取到的信息要保密，不能随便泄露。

分组：班级同学分组，4~6人为一组。

任务：收集建筑项目的历史数据，如能耗数据、温湿度数据、人流数据等，然后使用适合的大数据分析与挖掘算法，预测未来的能耗、负荷需求或其他关键指标，并提出建筑设计、能源管理或运营的优化策略，以提高建筑的能效性能和可持续性。

成果：经过大数据分析和挖掘后，针对关键指标，提出存在的问题及优化措施，可附上相应图片。当然，资料需要得到被调研者的允许，同学们要有商业秘密的保护意识。

任务五

大数据可视化

Task 05

知识目标

1. 熟悉大数据可视化的基本图表和方法；
2. 熟悉大数据可视化的过程；
3. 了解大数据可视化的常用工具。

能力目标

1. 能根据可视化的目标及指标选择合适的大数据可视化工具、图表和方法；
2. 能使用大数据可视化工具进行简单的大数据可视化页面制作。

素质目标

1. 提升信息素养，增强数据获取能力；
2. 具备批判性思维。

数据一般都是抽象的，但有的时候数据的展现可以是很酷炫的。在如今大数据时代，数据储量越来越大，而且各种各样的数据非常复杂烦琐。如果想在规模庞大的数据中发现有价值的信息，那几乎是不可能的。大数据可视化是大数据的一种比较直观的表现方式，主要应用计算机图形技术，将相对抽象的数据转换成更加直观的图表，帮助用户在错综复杂的大数据中发现其蕴藏的内在规律，从而探索大数据的内在价值。

5.1 场景应用

大数据可视化场景应用

大数据可视化在建筑行业的应用场景非常丰富。通过将建筑数据可视化，可以帮助设计师、施工管理人员和运营管理人员更好地理解和分析数据，优化设计方案、施工流程和运营管理，提高建筑行业的效率和质量。同时，大数据可视化还可以促进建筑市场的透明性和竞争公平性，推动建筑行业的发展和诚信建设。以下就大数据可视化在建筑行业的典型应用场景进行简单介绍。

1. 大数据可视化在建筑设计中的应用

大数据可视化可以用于建筑设计过程中的数据分析和决策支持。通过收集和分析大量的建筑数据，如建筑历史数据、地理信息数据、气候数据等，设计师可以更好地了解项目所在地的特点和需求。利用可视化工具，设计师可以将这些数据转化为图表、图形或动画，以便更直观地理解和分析数据，从而优化设计方案。

2. 大数据可视化在建筑施工中的应用

大数据可视化可以用于优化建筑施工过程。通过收集和分析施工现场的数据，如人员分布、材料使用、进度管理等，可以实时监测施工进展和资源利用情况。通过将这些数据可视化为仪表盘、图表或地图，施工管理人员可以更好地了解施工现场的情况，及时调整资源分配和施工计划，提高施工效率和质量。

3. 大数据可视化在建筑运营管理中的应用

大数据可视化可以用于建筑运营管理，包括物业管理、能源管理和客户服务等方面。通过收集和分析建筑运营数据，如能源消耗、设备运行状态、用户反馈等，可以实时监测建筑的运营情况。通过将这些数据可视化为仪表盘、报表或热力图，运营管理人员可以更好地了解建筑的运行状况，及时发现问题并采取措施，提高运营效率和用户满意度。

4. 大数据可视化在建筑市场监管中的应用

大数据可视化可以用于建筑市场的监管和诚信建设。通过汇集和分析全国范围内的工程建设企业、工程项目和工程人员等信息，可以建立基于大数据的建筑市场诚信监管体系。通过将这些数据可视化为图表、地图或网络关系图，监管部门可以更好地了解市场的整体情况和风险点，加强对市场的监管和服务，提高市场的透明性和公平性。

下面以大数据可视化在某项目建筑施工现场中的应用为例进行介绍。

【应用背景】

建筑工程现场环境非常复杂，现场作业包括塔式起重机安装和拆除、现场高空作业，以及在地下施工、基坑开挖等，都存在较大的安全隐患。传统的工程现场管理不能直观地了解施工工地的整体情况，尤其是不能实时掌握各类安全隐患情况。

【应用场景】

随着智能安全帽、摄像机、压力传感器、位移传感器等大量物联设备接入，基于现场施工人员工号、卡号、人像、位置等信息，结合工地交通运行、塔式起重机位移、深基坑变形、水位及土壤压力、气象等多维感知数据，为现场安全调度提供了全面、可靠的数据支撑。利用云平台超强的数据处理能力,管理和决策人员可以在数据可视化界面实时查看现场画面,并通过对讲喊话,了解现场情况以及指挥部署;同时可以进行实时告警并归档,实现告警、确认、处警及归档全要素记录及自动流转,提升警情处理效率。根据建筑工地态势图,如图5-1所示,可实现对建筑施工情况综合态势的实时感知,驱动监管工作和业务流程优化,提升数据应用价值,全面辅助工地管理及决策人员对建筑施工安全运行态势的全局掌控。

图5-1 建筑工地态势图

【应用成效】

直观的建筑工地可视化管理界面,可以实时展示园区、工地内设备、资源、人员、车辆、区域、作业等的位置、状态、预警事件,通过对数据进行合理分析,使工地重点的安全问题、施工进度等得到较好的关注。地图指挥、定位监管等数据可视化手段极大提升了现场指挥调度水平和远程巡查管控水平。

大数据可视化目前已成为大数据技术的重要研究领域。那么什么是大数据可视化呢?下面我们从大数据可视化的基本概念开始,了解一下大数据可视化的基本方法、分类和常用工具。

5.2 了解大数据可视化

在如今的大数据时代,现代信息技术、物联网技术以及区块链技术迅速发展,各类智能终端遍及,大量错综复杂的数据充斥着人们的眼球,这就需要一种直观有效的方法,能从海量的数据中挖掘出有价值的信息,发现事物蕴藏的内在特点或规律,辅助管理者决策。大数据可视化技术通过将海量复杂的数据信息转换成图形,增强数据展现效果,并通过交互的形式展现数据蕴藏的内在价值,是当前人们解析各类复杂数据的常用手段和方式。

5.2.1 什么是大数据可视化

大数据可视化是关于大数据的视觉表现形式研究的集合,旨在借助图形化手段,清晰有效地传达与沟通信息,通过直观地表达关键信息与特征,实现对价值密度较低而又复杂的大数据的深入洞察。通俗地讲,大数据可视化就是利用数据可视化工具,输入复杂的数据,最终得到分析图表,能直观地看到输入的各类数据背后的关系和规律,辅助管理者决策。

数据可视化利用数据和图形相关技术将数据从数据空间映射到视觉空间,是一门跨数据科学、计算机图形学和人机交互等多个领域的交叉学科,通常而言,数据可视化就是一个将数据转换为图形图像的过程,因此可以建立数据可视化模型,如图 5-2 所示。

图 5-2 数据可视化模型

5.2.2 大数据可视化的发展历程

数据可视化技术的发展与测量绘画技术以及科技的发展密切相关,其理念在地图、统计图表等领域中已经应用了上千年,最早甚至可以追溯到公元前。

1. 远古时期~16 世纪:图表萌芽

早在几千年前,人类就通过简单绘画的形式来进行可视化展现。当时的可视化主要用于制作地图,其目的是直观地记录一些地理信息,如图 5-3 所示。

2. 17 世纪:物理测量

17 世纪由于科技发展,时空、距离等物理基本量测量理论进一步完善,并制造出了很多测量设备,被广泛用于测绘制图、土地勘探及航空等领域。在 17 世纪末,科学家们

任务五 大数据可视化

图 5-3 前古巴比伦陶片地图

开始将一些真实测量的数据进行可视化，制图学被迅速完善和发展，如图 5-4 所示。

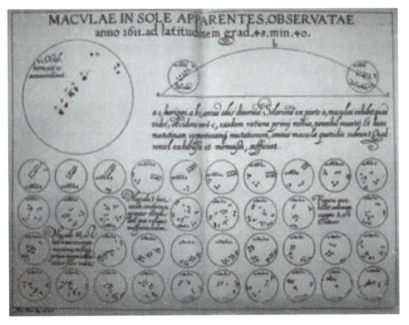

图 5-4 第一幅太阳黑子变化图（1626 年）

3. 18 世纪：图形化形式

到了 18 世纪，科学家们陆续提出等值线、轮廓线等新的图形和地理、经济、医学等物理信息的概念，抽象图和函数被广泛使用，可视化进入图形学的繁荣时期，如图 5-5 所示。

059

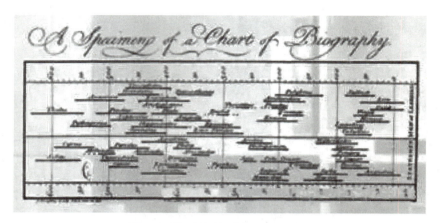

图 5-5　第一幅时间线图（1765 年）

4. 19 世纪：统计图形

到了 19 世纪，人们普遍开始使用包括饼图、柱状图、时间线、折线图等在内的多种数据可视化图形，并把关于当时人口、地理、政治及经济情况的统计数据通过可视化的方式展现在地图上，形成了新的制图方式，并逐渐体现在政府的各项规划中。在 19 世纪下半叶，统计图形快速发展，人们开始将可视化理念应用于工程及统计领域。例如法国人查尔斯在当时绘制了拿破仑在莫斯科战役的事件流图，真实反映了当时拿破仑军队所处的地理位置、行军方向和军队汇合的时间与地点，以及军队人员数量增减过程，如图 5-6 所示。

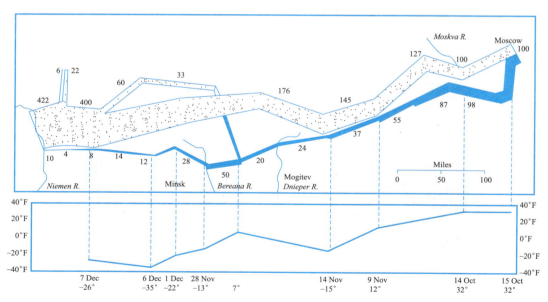

图 5-6　拿破仑进军莫斯科历史事件流图

5. 20 世纪之后：数据可视化

进入 20 世纪后，计算机技术得到快速发展，到了 20 世纪 50 年代，人们就逐渐采用计算机编程的方法来创建图形图表，实现数据的可视化。20 世纪 80 年代后期，人们开始将医学扫描仪、显微镜等设备采集的数据进行可视化,被称为"科学可视化";到了20世纪90年代初期,科学家又开始重点研究非结构化数据的可视化,如文字信息、视频信息等,被称为"信息可视化";在21世纪初,科学家提出了一个同时涵盖科学可视化和信息可视化领域的数据可视化概念,其研究和应用的边界范围也在不断扩大,大数据可视化也就变成了一个不断演化的概念。

5.2.3 大数据可视化的作用

大数据可视化将来源广阔、错综复杂的数据用图表图形呈现,使用户能更好更快地理解数据,发现大数据背后的含义,从而探索大数据的内在价值,能更好地认识事物的本质和真相。具体来说,大数据可视化的作用主要体现在数据表达展现、数据操作及数据分析3个方面。

1. 数据表达展现

数据表达展现就是将大数据通过计算机图形技术进行展现,方便人们更好地理解、分析和运用数据。由于人类的记忆能力是有限的,不可能记住所有数据的含义及其特征。将价值稀疏而又复杂的大数据按照预置的规则和功能,展现在一张图表中,能够实现在小空间中呈现大规模的数据。同时采用图像记忆,可以强化人们对大数据中价值信息的记忆。

2. 数据操作

大数据可视化工具通常提供了交互式的操作界面,使用户能够对数据进行操作和探索。用户可以通过选择、过滤、排序等方式对数据进行灵活的操作,以便从不同角度和维度探索数据,并发现大数据中的规律和趋势。

3. 数据分析

大数据可视化可以帮助用户进行数据分析和决策支持。通过可视化工具提供的功能,用户可以进行数据聚合、计算统计指标、生成交互式报表等操作,从而更深入地分析数据,并作出基于数据的决策和预测。

5.2.4 大数据可视化与数据可视化的比较

传统的数据可视化主要是针对结构化数据,展现一种以某种概要形式抽提出来的信息,包括相应信息单位的各种属性和变量等,而大数据可视化可以理解为数据量更加庞大,结构更加复杂,数据类型更加多样的数据可视化,大数据可视化与数据可视化的比较如表5-1所示。

大数据可视化与数据可视化的比较　　　　　　　　　　　　　　表5-1

比较项目	大数据可视化	数据可视化
数据类型	结构化、半结构化、非结构化数据	结构化数据
表现形式	多种形式	主要是统计图表
实现手段	各种技术方法、工具	各种技术方法、工具
结果	发现数据中蕴含的规律特征	看到数据及其结构关系

5.3 大数据可视化的方法

大数据可视化可以帮助用户快速找到复杂数据中的关键信息,直接通过视觉获取数据的价值点。大数据可视化一般具有准确、创新、简洁等特点,这就需要采用合适的可视化方法及展现形式。

5.3.1 大数据可视化的基本方法

大数据可视化的方法很多,最常用的主要有面积与尺寸可视化、颜色可视化、图形可视化及地域空间可视化等。

1. 面积与尺寸可视化

面积与尺寸可视化是通过对同一类图形的长度、高度或面积等加以区别,来清晰地表达不同指标数值之间的对比关系,常用的图表有柱形图、饼图和雷达图等。

2. 颜色可视化

颜色可视化主要通过颜色的深浅来表达指标数值的大小,常用的图表有热力图、密度图等。

在使用颜色可视化方法时,需要对不同等级的数据进行配色,保证色相的辨识度和色阶的均匀度,并且在色彩的语义定义上确保表达意思的准确性,这样才能够让用户一眼就可以看到他们最关心的数据。

3. 图形可视化

图形可视化是指用具有实际意义的图形来展示我们设计的指标数据,例如在统计男女性别时用"♂""♀"图标,统计水果种类时用各类水果的图形,展示温度的时候用温度计示意图等。图形可视化能够生动形象地展示数据,便于用户理解。

4. 地域空间可视化

地域空间可视化一般选用地图为背景,来表达与地域相关联的指标或数据。地域空间可视化可以在地图上直接进行数据展现,使用户能够更直观地看清整个区域的数据分布情况,并能够快速定位到某一地区来查看该区域的详细数据。如图5-7所示,利用地域空间可视化对杭州各辖区在售楼盘进行统计展示。

5.3.2 大数据可视化的展现形式

图表是大数据可视化主要的展现形式,其中常用的基本图表有柱形图、折线图、饼图等。

1. 柱形图

柱形图,又称柱状图,是一种以长方形的长度为变量的统计图表,用来

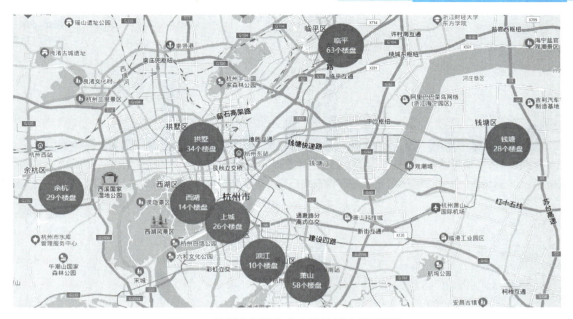

图 5-7　杭州市新楼盘分布的地域空间可视化

比较两个或两个以上相同类型数据的价值点，一般只有一个变量。柱形图有横向排列和纵向排列两类。

柱形图比较适合展现单个维度比较的二维数据集场景。比如某日杭州各区市商品房成交情况就是一个二维数据集，"各区市"和"商品房成交套数"就是该数据集的两个维度，但柱形图只能对"商品房成交套数"这一个变量维度进行比较。通常来讲，柱形图的横轴表示数据的分类，纵轴表示数值。如图 5-8 所示，横轴以杭州的各个区县市分类，纵轴表示杭州某日商品房的成交量。柱形图通过柱子的高度（长度）来反映各个区域间数据的差异。

图 5-8　杭州各区县市某日商品房成交情况柱形图

柱形图还可以分为簇状柱形图、堆积柱形图、条形图、百分比堆积柱形图等。

簇状柱形图比较适合展现多个类别在某一个维度的比较，可以表示多个维度的信息，如图 5-9 所示，横轴为杭州各区县市，纵轴为某日杭州的商品房成交量，柱的不同颜色分别表示新房和二手房。

堆积柱形图一般用来展现某个维度的对比情况以及该维度下子指标的对比情况，如

图 5-9　杭州各区县市某日商品房成交情况簇状柱形图

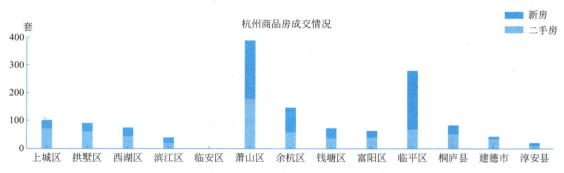

图 5-10　杭州各区县市某日商品房成交情况堆积柱形图

图 5-10 所示，将新房和二手房的成交量进行堆积，来进行杭州商品房及其子指标新房和二手房成交量的对比。

条形图是横向排列的柱状图，图 5-11 即为堆积柱形图（图 5-10）的横向排列。

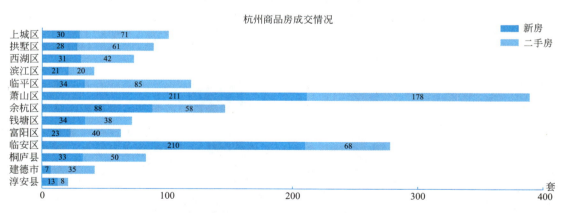

图 5-11　杭州各区县市某日商品房成交情况对比条形图

2. 折线图

折线图是以折线相对于横轴的高度为变量的统计图表。折线图可以展现随时间变化的连续数据，也可以展现相等时间间隔的离散数据。

折线图也比较适合展现单个维度比较的二维数据集场景。一条折线只有一个维度可以比较，但多条不同颜色或不同类型的折线就可以实现多个二维数据集的比较，如图 5-12

所示，分别对杭州各区县市的新房和二手房成交量进行对比。

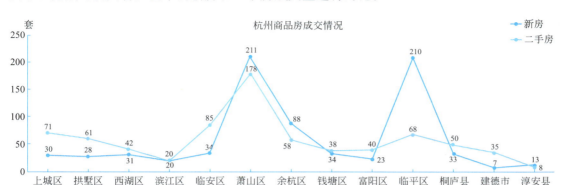

图 5-12　杭州各区县市某日商品房成交情况折线图

3. 饼图

饼图是将所有类别的总和作为一个圆饼整体，用来展示各个类别数量的大小与占比情况。由于人眼对面积大小敏感性不高，所以使用饼图有较多的限制。一般在使用饼图时都会标注各类别的占比或数量，便于人们区分各类别的大小，图 5-13 即为杭州各区县市商品房成交情况的饼图展示。

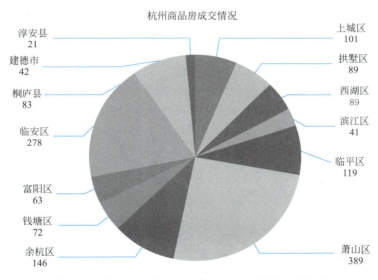

图 5-13　杭州各区县市某日商品房成交情况占比饼图

4. 散点图

散点图是用来确定两种或两种以上变量间相互依赖关系的一种统计分析方法，表示因变量随自变量而变化的大致趋势。散点图比较适用于展现两个维度比较的数据集场景，且数据量越大，利用散点图比较结果越精准，如图 5-14 所示，展示了某城市新楼盘售楼部客流量与商品房销售额之间的关系。

5. 雷达图

雷达图又称为蜘蛛图，呈不规则多边形，是以从同一点开始的轴上表示的三个或更多

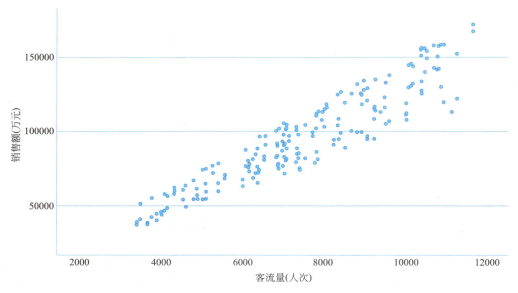

图 5-14　某城市新楼盘售楼部客流量与商品房销售额散点图

个定量变量的二维图表形式显示多变量数据的图形方法，其各个轴的相对位置与角度一般没有特殊意义。

雷达图比较适用展现可量化的多维的数据集场景，但一般同维度不超过 6 个，否则人眼难以辨识。图 5-15 将杭州各区县市商品房成交量用雷达图展现，由于同维度数据点过多，用户很难辨别，造成了困扰。

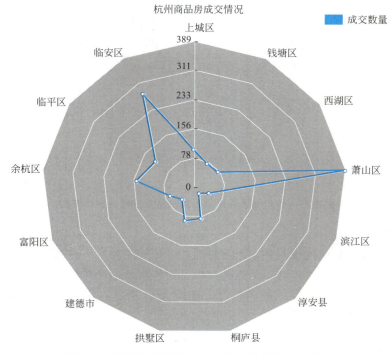

图 5-15　杭州各区县市某日商品房成交情况雷达图

6. 仪表盘

仪表盘是模仿汽车速度表的一种图表，通常用来表示某个指标的完成情况，如图 5-16 所示，用仪表盘展现了某新楼盘的销量情况。仪表盘只用于展现数据的累计值，而不能展现分布特征。

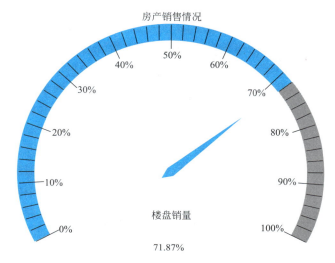

图 5-16　某新楼盘销售情况仪表盘

7. 甘特图

甘特图又称横道图，一般通过横条状线段或图形来展现项目内各个任务的进度情况。甘特图重点突出了时间因素，如果项目较大且比较复杂，子项目间内在关联过多，错综复杂的横条状图会大大加大用户的理解难度。甘特图一般用于展现工程项目的进度计划，如图 5-17 所示。

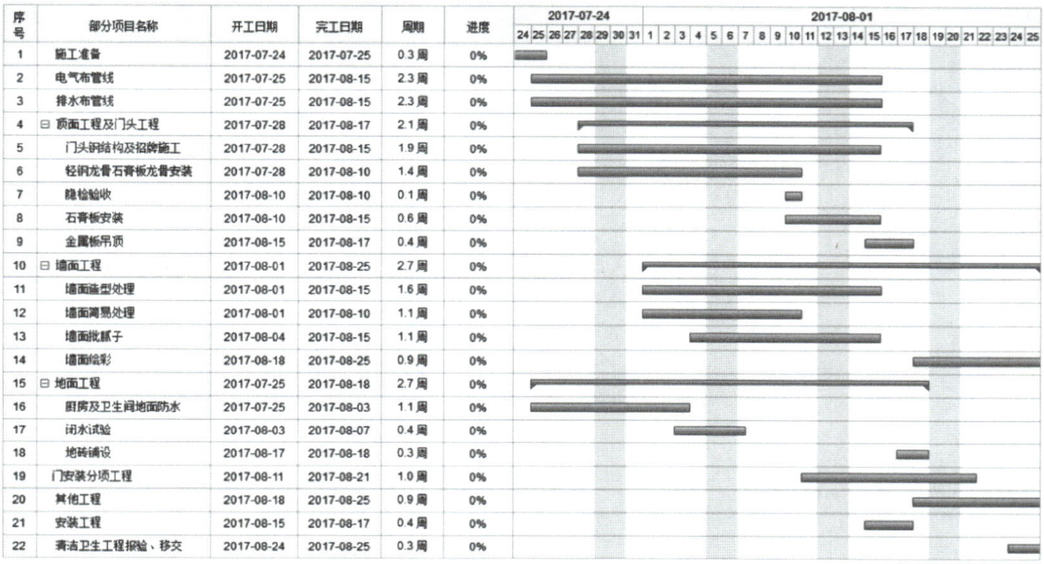

图 5-17　某工程项目甘特图

8. 热力图

热力图以特殊高亮的形式显示用户热衷的页面区域和用户所在地理区域的图表,用户可以直观清楚地看到页面上每一个区域的用户热衷程度,无须报告数据分析,适用于数据空间分布状态,如图 5-18 所示,利用热力图展示北京各区域的商品房销售情况。

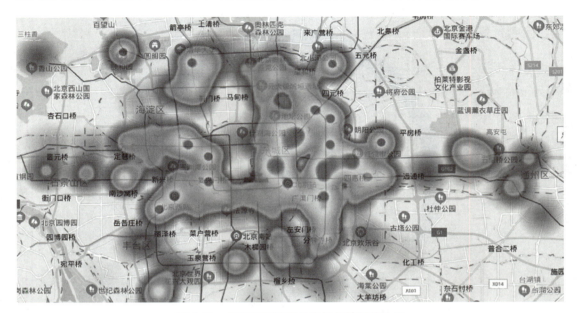

图 5-18　北京各区域商品房销售情况热力图

5.4 大数据可视化的分类

大数据可视化根据数据类型，一般可以分为时间数据可视化、比例数据可视化、关系数据可视化、文本数据可视化、复杂数据可视化等。

1. 时间数据可视化

时间是我们生活中一个非常重要的维度，带时间维度的数据应用于各个领域，比如历年商品房成交记录、螺纹钢的交易记录、水泥价格走势等。如何发现并利用这些带有时间维度的数据中蕴藏的内在价值，是管理者进行决策的重要依据。

根据时间数据的记录间隔，时间数据可以分为连续型时间数据和离散型时间数据。连续型时间数据是指对某现象进行连续不断变化的动态记录，如一天中螺纹钢期货价格动态变化记录等。离散型时间数据一般指各记录间有相同时间间隔的数据，如螺纹钢期货每日的收盘价格等。

2. 比例数据可视化

根据不同类别的比例数据进行可视化，主要用于呈现各个部分与其他部分及整体的构成情况、数据之间的层次关系、比例数据随时间变化的情况等。其常用的可视化图表有饼图、层叠面积图等。

3. 关系数据可视化

关系数据一般都具有相互关联性和分布性。关系数据关联性可视化主要根据两个数值之间关联关系，由其中一个数值的变化，来推测另一个数值的变化，常用的关联关系可视化图表有散点图、气泡图等。关系数据分布性可视化主要是对数据的分布情况进行展现，其常用可视化图表主要有热力图、密度图等。

4. 文本数据可视化

文本数据在日常工作和生活中几乎无处不在，包括 PDF、文本等各类文档、邮件、小说、新闻、社交软件聊天记录等。文本数据可视化一般可以分为对文本内容的可视化、文本间关系的可视化等，它既可以是单文本内部关系可视化，也可以是多个文本间的关系可视化，还可以结合文本的多个特征进行全方位的可视化。如网页间的超链接、文本的重复性、文本间的引用等。例如词云图就是一种文本内容可视化工具，可以用词语的大小或颜色来表示其在文本中出现的频率或情感倾向。

5. 复杂数据可视化

复杂数据可视化是指对具有高维度、多变量、复杂关系的数据进行可视化展示和分析。由于数据的特点和形式多种多样，需要对不同用户的不同需求进行个性化的可视化。用户需求及复杂数据类型属性的不断更新，使得其可视化较为困难，相关技术也在不断创新。目前对复杂数据的可视化，常采用网络图，通过节点和边的表示方式，展示网络结构、社交关系、系统交互等复杂关系，可以帮助用户发现群组、中心节点、信息传播路径等。

5.5 大数据可视化的过程

优秀的大数据可视化项目能够有效地提取和归纳想要的关键信息,并进行有机整合,让用户的注意力集中于关键点,而糟糕的大数据可视化项目容易造成用户理解困难,那么大数据可视化一般是怎样的操作过程呢?我们在进行一个数据可视化项目时,首先要明确这个数据可视化项目的目标,有哪些关键指标,然后就可以进行数据的采集或获取,并进行数据的预处理,再选用适合的可视化工具及图表对数据进行展现,最终将可视化分析结果用于辅助决策等应用,如图5-19所示。

图5-19 大数据可视化操作基本步骤

1. 明确数据可视化分析目标

创建一个数据可视化项目的第一步,就是要明确这个数据可视化项目的目标,了解用户对具体主题的可视化需求及不同用户对象关注的角度等。清晰的需求和目标,有助于使我们在实施数据可视化时排除一些不相干的事物或数据,避免分散用户的注意力,给用户造成困惑。如图5-20所示,在同一张图表中,同时分析杭州市各个区县市的新房、二手房成交量、在售新房数量及各区县市混凝土的销量和螺纹钢的销量,将大量指标或多个不相干的指标混杂在一张可视化分析图表中,造成图表拥挤,用户很难阅读。

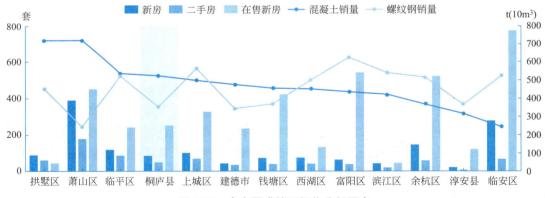

图5-20 令人困惑的可视化分析图表

2. 确定可视化分析指标

确定可视化分析的目标后,下一步就要确定可视化分析的指标,以便于准确地表达信息。在确定分析指标前,首先要明确该可视化分析主要服务用户对象有哪些,关注事物的角度又分别是什么,根据不同的用户对象及关注角度设置可视化分析指标。如项目完成情况进度指标,项目经理关注的是所负责项目的进度情况,区域经理关注的是整个区域的项目进度情况,公司高层领导关注的是所有项目的进度情况,包括项目进度、成本、质量的控制情况等。

3. 获取原始数据

确定数据可视化分析指标后，就需要进行原始数据收集。一般来说，原始数据都存储在各个业务系统中，我们需要对接各个业务系统的数据接口或者连接各个业务系统的数据库进行原始数据的获取。在选择可视化工具时，一定要适配被分析数据源的接入以及数据的结构分类。

4. 原始数据预处理

由于各个业务系统的数据质量不同，比如存在缺失值、重复值、异常值、数据类型不一致、垃圾数据、敏感数据等，我们要对每个数据源进行不同的数据预处理操作，确保用于可视化分析的数据符合统一的数据标准。比如在分析销售金额时，不同的业务系统用的单位不一样，有的以"元"为单位，也有的以"万元"为单位，在做可视化分析时就需要转换成统一单位标准。

5. 选择合适的图表类型

我们要根据确定的数据可视化项目的目标及指标，选择一个合适的基本图表，它可以是柱形图、折线图、饼图、散点图等，具体用什么图，取决于现有数据的类型以及想要表达的关键信息。比如折线图适合表现与时间有关的趋势；散点图适用于分析大量集中的数据点；柱形图适用于展现数据分布，但不能展现过多的数据点，否则柱形图组距就会变小，柱子就会显得很密集，如图5-21所示，柱子间的过多起伏会让用户只盯着树木却看不到整个森林。

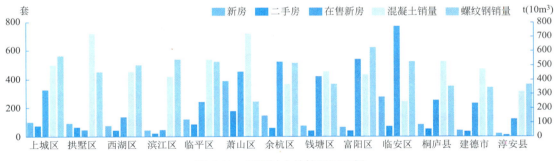

图 5-21 组距过小的柱形图示例

6. 数据的可视化展现

在用确定的图表进行数据可视化展现时，需要将用户的注意力引向其所关注的关键信息点。我们在做数据可视化展现时，应尽量借助选用的可视化工具自带的分析能力进行统计分析、钻取、筛选过滤、数据透视、地理分析、高级计算等多种操作，实现数据的立体式呈现。

7. 可视化结果应用

通过数据的可视化呈现，用户就能够得到数据的可视化结果。用户通过对呈现的可视化结果进行观察，可直观地发现数据中存在的差异和规律，如用户可以直观地看到过去、现在面临的情况以及发展趋势、监控当前的事件及突发的告警信号和异常事件等，从可视化结果中提取有价值的信息，可为决策者作出决策提供依据。

5.6 大数据可视化的常用工具

优秀的大数据可视化工具能有效帮助用户高效地分析数据，降低分析成本，挖掘数据价值，提高信息化管理水平。大数据可视化工具必须要满足处理大数据的需求，必须能快速采集、过滤、分析、提炼、展现用户所需要的信息，并可对动态增加的数据进行实时展现更新。接下来介绍几款简单易用的大数据可视化工具。

1. Excel

Excel 是 Office 下的一款表格处理软件，但它也可以进行数据可视化，主要可视化图表包括柱形图、折线图、饼图等。Excel 对于数据可视化初学者而言是一款很好的可视化工具，入门简单，不需要编程基础。但是由于 Excel 并非专业的可视化工具，默认设置了颜色、线条等很多参数，因此很难满足用户的很多个性化需求。

2. Tableau

Tableau 是 Tableau 公司旗下的一款数据可视化工具，可以连接多个数据源，并组合在一起，使其可以处理大规模、多维度的数据，同时支持对非结构化数据进行分析。

3. 数据分析语言 R

R 是一种用于统计分析和预测建模分析的开源软件编程语言和软件环境，具有非常强大的数据处理、统计分析和预测建模能力。

4. ECharts

ECharts 是一款基于 JavaScript 的数据可视化工具，提供直观、生动、可交互、可个性化定制的数据可视化图表，由百度团队开源，赠予 Apache 基金会，成为 Apache 软件基金会（ASF）孵化级项目。

5. DataV

DataV 是一款使用可视化应用的方式来分析并展示庞杂数据的数据可视化工具，旨在通过图形化的界面帮助不同专业背景的用户轻松搭建专业水准的可视化应用，满足会议展览、业务监控、风险预警、地理信息分析等多种业务的展示需求。

6. 腾讯云自然语言处理

腾讯云自然语言处理是一款强大的词云分析工具，提供包括词法分析、关键词提取、智能分词、实体识别、文本纠错、情感分析、文本分类、词向量、自动摘要、智能闲聊、百科知识图谱查询等 16 项智能文本处理能力。

综合考核

在如今的大数据时代，越来越多的管理者意识到了数据所蕴藏的巨大商业价值。然而，随着企业信息系统的不断增加和积累，沉淀在各个系统深处的数据难以提取和整合，基于数据的可视化分析更是无从下手。同学们可以收集相关的建筑数据，运用大数据可视化技术，对这些数据进行分析和可视化呈现，以探索其中的模式、趋势和关联性。

分组：班级同学分组，4～6人为一组。

任务：可以针对某个建筑项目或建筑公司进行研究，选择建筑设计问题、施工流程问题或运营管理问题收集相关数据，并进行可视化呈现。在建筑设计问题上，可以收集能源消耗数据、用户行为数据、空间布局数据等，然后通过可视化工具将这些数据转化为图表、图形或动画等。在施工流程问题上，可以收集人员分布、材料使用、进度管理等施工现场的数据，然后通过可视化工具将这些数据可视化为仪表盘、图表或地图等。在运营管理问题上，可以收集能源消耗数据、设备运行状态数据等建筑运营数据，然后通过可视化工具将这些数据转化为仪表盘、报表或热力图等。

成果：制作一张可视化页面，并根据选择的问题，提出改进建议。

任务六 大数据治理

知识目标

1. 了解大数据治理的定义和发展历程；
2. 熟悉大数据治理的内容。

能力目标

1. 能制定数据治理的实施方案；
2. 能评判大数据治理质量。

素质目标

1. 培养解决问题、自主学习探索的素质；
2. 具备全面数据质量治理和管理意识。

如今大数据技术已经广泛应用于各个行业领域，数据质量问题也逐渐受到关注，各级政府部门与企业及用户之间都依靠数据进行交流与协作，于是大数据治理成了不能缺少的重要部分。

6.1 场景应用

大数据治理可以应用于建筑行业的各类场景,其目的主要是确保建筑行业数据的质量、合规性及安全性,以支持数据驱动的决策和业务需求。以下就大数据治理在建筑行业的典型应用场景进行简单介绍。

1. 大数据治理在建筑数据质量管理中的应用

建筑行业涉及大量的数据,包括传感器数据、BIM 数据、监控数据等。数据质量对于后续的分析和决策至关重要。大数据治理可以帮助建筑公司确保数据的准确性、完整性和一致性。通过建立数据质量规则、数据清洗和校验机制,可以识别和纠正数据质量问题,提高数据的可信度和可用性。

2. 大数据治理在建筑数据合规性管理中的应用

建筑行业需要遵守各种法规和标准,如隐私法规、数据保护法规、建筑规范等。大数据治理可以帮助建筑公司确保数据的合规性。通过制定数据访问和使用政策、数据分类和标记机制,可以管理敏感数据的访问权限,保护用户隐私,遵守相关法规和标准。

3. 大数据治理在建筑数据分类和标准化中的应用

建筑行业中的数据来自多个数据源,不同的数据源数据存储格式和结构差异较大。大数据治理可以帮助建筑公司对数据进行分类和标准化,以便更好地进行数据集成和分析。通过制定数据命名规范、数据模型和标准化流程,可以提高数据的一致性和可比性,减少数据集成和分析的复杂性。

下面以大数据治理在建筑物数据质量提升中的应用为例进行介绍。

【应用背景】

建筑物轮廓信息是国家基础地理信息的重要组成部分,高精度建筑物轮廓自动提取往往依赖于大规模的建筑物标注样本。为了丰富中国地区建筑物提取数据集,中国地质大学(武汉)方芳团队以高分辨率遥感影像为数据源,采用人工标注与交互式标注相结合的方式构建形成中国典型城市建筑物实例数据集。

【应用场景】

本数据集包含 7260 个影像区域样本,共 63886 栋建筑物,分布在北京、上海、深圳及武汉 4 个城市。数据集由 MS COCO 2017 格式的标注文件及相应的建筑物掩膜二值图构成,可为研究高分辨率遥感影像的建筑物检测和提取提供基础数据,如表 6-1 所示。

中国典型城市建筑物实例数据集　　　　表 6-1

序号	数据库(集)名称	中国典型城市建筑物实例数据集
1	地理区域	中国
2	空间分辨率	0.29m
3	数据量	约 5GB
4	数据格式	*.tif,*.json,*.png

续表

序号	数据库(集)名称	中国典型城市建筑物实例数据集
5	数据库(集)组成	数据集包括 7260 个区域样本,由 3 部分信息构成: *.tif 存储了遥感影像照片; *.json 描述了建筑物标注,包含训练集和测试集两个文件,可用于实例分割任务; *.png 存储了建筑物区域的像素级语义标签,可用于语义分割任务

为保证数据集质量,该研究团队在影像整理和检查、人工标注和交互标注阶段均采用了完整的质量控制过程,治理数据流程如图 6-1 所示。

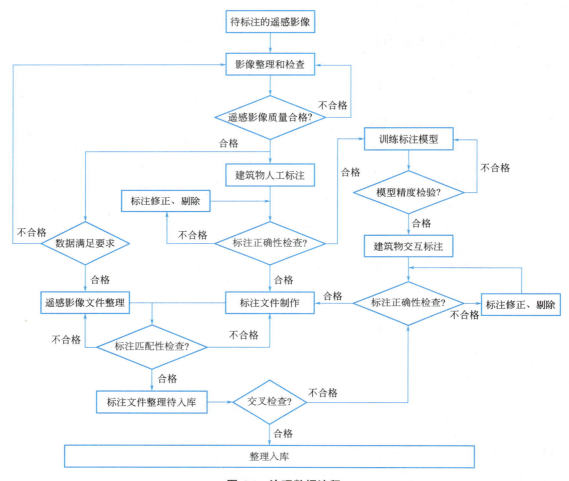

图 6-1 治理数据流程

在人工标注阶段采用人工交叉检验方法检查标注结果并修正发现的问题,检查内容包括标注轮廓不完整、建筑物标注遗漏以及非建筑物误标注为建筑物等。交互式标注阶段则重点检查标签文件的准确性、一致性,确保标注质量。为避免影像标签缺失、标签与影像匹配错误等问题,采用循环遍历算法进行检验,并对错误数据逐一确认和修改。

【应用成效】

通过高分辨率遥感影像和人工标注与交互式标注相结合的数据治理方式,中国地质大学(武汉)方芳团队成功构建了中国典型城市建筑物实例数据集。该数据集的成果对于城市建筑物相关研究和应用具有重要意义,为城市规划、遥感图像分析和机器学习算法等领域提供了有价值的资源。

大数据治理旨在提高数据的质量、安全性、合规性和价值。那么什么是大数据治理呢?下面我们从大数据治理的基本概念开始,了解一下大数据治理的基本原则和大数据治理的实施。

6.2 了解大数据治理

改革开放以来,我国的信息科学技术得到了大力发展,各行各业都积累了大量的数据,伴随着数据出处的不同、数据收集和存储结构的差异、数据迭代和流转次数频繁等因素,数据的状态往往芜杂混乱,大数据跨界融合应用难度大,为了解决这些问题同时能有效利用数据资产,大数据治理也越发引起各个行业的关注。

6.2.1 什么是大数据治理

大数据治理(Big Data Governance)是指导和管理数据资产的过程,它旨在通过治理来提高数据的质量,保护数据的安全,提高大数据系统运行效率,有效控制数据成本,实现数据价值的最大化。

大数据治理

狭义上讲,大数据治理是对数据质量进行监控和管理,重点在于数据的本身。广义上讲,大数据治理是对数据的整个生命周期进行管理,包括数据的生产、采集、存储、归档、销毁等一系列过程,如图6-2所示。大数据治理是依据相关政策和策略,通过优化和提升数据的架构,产生高质量的数据,增强数据可信度,创造数据价值的过程,是一个持续性的服务。

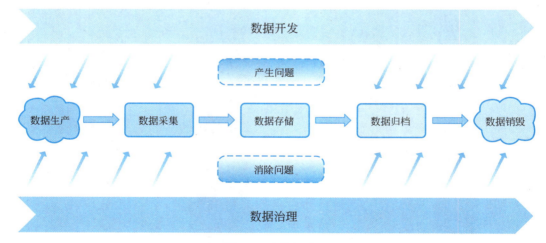

图 6-2 大数据治理

大数据治理是基于传统数据治理的理念而产生,并与大数据时代相适应,可以说大数据治理是从传统数据治理的基础上演变而来的。大数据治理与数据治理既有区别又有联系,两者治理的目标是一致的,都是从大数据中发掘出更多有价值的数据,但在本质上仍有一些微妙差异。传统数据治理往往是对企业内部数据进行治理,其核心是企业内部的数据生产、使用、处置等经营权分配,难以对其进行经济价值和经济效益的度量,更加注重内部效率的提升；而大数据治理实现了企业内部和外部的多源数据融合，利用企业外部数据来提高企业自身的价值，并涉及企业外部数据的占有、使用、收益和处置等经营权分配，更加注重效益实现和风险管控。

大数据治理包含的内容较多，主要可以分为以下 7 个方面。

1. 元数据管理

元数据是描述数据的信息，包括数据的属性、结构、格式、来源和时间戳等。它增强了数据的可理解性和可管理性，类似于"户口本"，提供了详细的描述。元数据可以分为业务元数据和技术元数据。业务元数据从业务视角描述数据，使非数据专业人士也能理解数据，例如表名称、字段说明、血缘关系和统计标准等。技术元数据则从技术视角描述数据，例如表的查询、字段长度和字段类型等。

2. 主数据管理

主数据是业务过程中的关键数据，可被多个业务系统共享使用。主数据管理是对主数据进行规范、分析和清洗等操作，以实现标准化管理，确保数据的一致性、可靠性和权威性，从而建立统一视图，实现数据共享，推动业务发展。例如某建筑公司的项目主数据包括项目编号、项目名称、项目起止日期、投资额、项目负责人等。这些数据可能分布在不同的业务系统，其数据标准也可能不一致。为了更好地使用这些数据，需要将这些不同业务系统的数据进行归集和预处理，最终整合成统一视图。这样，业务部门可以利用完整的项目数据信息，提供更精准的建筑方案，实现主数据价值最大化。

3. 数据标准

"没有规矩不成方圆"，在大数据治理中，这个规矩就是数据标准。数据标准提供了全面的数据管理流程和方法，解决了数据的一致性、完整性和准确性问题，为数据质量检查和数据安全管理提供了标准依据。例如业务系统中的"证件号码"，是按照国家标准设置的，编码长度及有效组成方式等都有定义，适用于所有的业务系统。国内很多行业也有自己的行业数据标准，如电子政务数据标准、建筑物信息数据标准、建筑材料数据标准等。

4. 数据质量管理

数据质量是指数据在特定业务环境下，能满足业务需求的程度。数据质量管理一般包含五个部分，即数据的唯一性、完整性、准确性、一致性和规范性。唯一性度量数据或其属性的重复性；完整性度量数据的丢失或不可用性，主要校验字段值缺失、记录数缺失等；准确性度量数据和信息的准确性，主要校验数据的值域、数据范围等；一致性度量数据值在信息含义上的冲突，主要校验字段值一致性、主外键一致性等；规范性度量数据的存储格式是否统一，主要校验数据格式、正则表达式、精度等。数据质量管理主要通过特定的规则对数据的这五个方面进行测试、检查、监控和告警。

5. 数据安全管理

数据安全管理贯穿于数据治理的整个过程，主要用于保护数据免受泄露、窃取、篡改、毁损、非法使用等，提供对数据的加密、脱敏、去标识化处理、数据库授权监控等多种数据安全管理措施，全方位保障数据的安全运作。

6. 数据计算管理

对大数据集群的存储资源、计算资源消耗等进行管理、监控、优化。一般包括系统优化和任务优化两个方面，例如降低计算资源的消耗，提高任务执行的性能，提升任务产出的效率等。

7. 数据存储管理

目前主要的数据存储处理方式包括数据压缩、数据重分布、数据垃圾检测和清理、数据生命周期管理等。

数据压缩旨在提高存储比，降低资源消耗；数据重分布通过修改数据分组排序，优化数据表，以提高数据压缩效果；数据垃圾检测和清理基于元数据，对数据空表、僵尸表等数据垃圾进行处理；数据生命周期管理旨在用最小的成本满足最大的业务需求，主要措施包括定期清理无效历史数据、删除临时数据和历史数据归档等。

6.2.2 大数据治理的发展历程

大数据治理是一个从数据管理演变而来的知识体系，最早可追溯到1988年麻省理工学院的数据治理管理计划。随后，国际数据管理组织协会（DAMA）的成立进一步推动了其发展，形成了完备且体系化的数据管理知识，并在各行各业得到广泛应用。大数据治理发展至今，经历了五个时代的演变。

1. 业务壁垒时代

在信息化时代初期，为满足业务需求，企业各部门建立了相对独立的业务系统，形成了一类业务对应一个系统和数据库的封闭式架构。这导致了各业务系统间数据互不相通，形成了"数据孤岛"。尽管企业业务具有连续性，但部门间的业务壁垒使跨业务需求协同非常困难，跨业务协作效率未能随信息化发展而提高。因此，企业开始寻求改变，数据中心的理念应运而生。

2. 数据中心时代

数据中心的初衷是实现业务系统间数据的互联互通，达到共享的目的。然而，由于原始数据在设计时并未考虑与其他业务结合使用，即使汇聚到数据中心，也可能无法被其他业务利用。这好比建筑行业中的一个项目，设计部门和施工部门都在管理，设计部门关注的是建筑的外观和功能，施工部门关注的是建筑的施工进度和质量。如果施工部门想要对某个部位进行维修，并按施工系统的部位编码和名称告知了设计部门，但设计部门在设计系统中却查询不到这个部位编码和名称。因为两个部门业务系统对每个部位的数据都是单独管理的，编码和名称在两个部门的业务系统中并不相通。因此，建筑数据标准治理时代应运而生，旨在实现汇聚到数据中心的数据在企业各个业务系统间的互联互通，从而为企业创造价值。

3. 标准治理时代

标准治理时代最关键的是如何制定统一的数据标准，以实现数据在企业的各个系统之间能相互使用。设计统一的顶层数据标准，再结合各种管理手段让数据标准的靴子落地，已经成为标准治理时代的重要命题。

4. 融合治理时代

数据融合治理的核心是在统一标准前先接受各个业务系统原有的数据，通过业务专家和数据专家的协作，对跨业务的数据进行融合映射，以解决跨业务数据的使用问题。当此问题被解决后，数据治理的价值得到认可，企业高层就更有信心来支持实现最终统一数据标准的目标。

5. 智能治理时代

随着科技的不断发展，数据也在呈指数级增长。数据持续增长的同时，数据污染也持续产生。人工数据治理虽然能在一定程度上解决数据污染的问题，但治理的速度远远赶不上数据污染增长的速度。通过多种尝试，人们认识到可以利用人工智能技术来解决数据治理中的一些复杂问题，让机器学习算法来构建数据治理模型，于是智能算法作用于数据治理的时代向我们走来。

近年来，头部企业依赖智能数据治理取得了不错的成绩，这些信号表明智能数据治理已经逐渐被大众接受。未来随着越来越多的企业加入探索智能数据治理的行列，数据治理的效率将会持续提升，数据污染的扩散态势将得到有效遏制。

中国是数字经济大国、数据治理大国，实施大数据治理对于推动数字经济的创新发展、提升政府的治理效率、增强公共服务与治理能力等，都有着重要意义。

6.2.3 大数据治理的原则

大数据治理的目标是使组织能够将数据作为资产进行管理，数据治理主要遵循以下原则。

1. 坚持数据主权原则

数据主权原则是指国家自主独立行使占有、控制、使用、保护、处理本国数据的权力。数据主权对外表现为一个国家有权力自主决定如何参与到国际上与数据相关的政治、经济、社会活动中，并且有权力采取必要措施维护国家主权、数据权益不受他国侵犯；对内表现为一个国家对政权管辖范围内的数据产生、存储、处理、传输、交易和利用等一切活动享有最高的管辖权力。

2. 坚持数据流通原则

数据流通是数据资源潜在价值得以实现的前提和条件。数据流通原则是指法律法规应为数据资源在市场中的自由流通提供基本制度保障，不对其流通施加不必要的限制。坚持数据流通原则，需要政府提升对数据开放、流动传播的宏观调控治理能力，做好前瞻性战略布局，建立规范化法律法规，采取合理、有效的行政监管措施，保障激励相容、健康有序的数据经济市场秩序形成。

3. 坚持数据安全原则

数据安全原则是指依靠国家数据治理确保数据安全，避免数据泄露、窃取、毁坏、篡改、滥用等风险，充分保障国家、社会安全稳定及个人的基本合法权益。具体来说，一是需要保障数据的真实完整性，保障数据不被恶意访问、篡改、丢失、伪造或利用。二是要保障数据使用的保密性，凡是使用涉及国家及社会安全、个人合法权益的涉密、敏感数据必须获取授权。

4. 坚持数据保护原则

数据保护原则是指确立数据的法律性质和法律地位，明确数据具有独立的价值和利益而应受法律的确认和保护，确认其成为法律保护的关系客体，为数据治理建立相关的法律制度体系。数据涉及社会公益、财产利益及人格利益等多方面法律利益,并呈现出多种利益交织的复杂性和特殊性,因此,需要确立数据为独立、特定的法律关系客体,推动数据治理相关的专门立法建设。

6.3 大数据治理实施

随着大数据的深度应用,对大数据的安全性、准确性、有效性等要求也逐渐提高。有效的大数据治理能提高数据质量,发挥其更大价值,为决策提供有力的数据支持。接下来,我们将详细介绍大数据治理实施的目标、过程及关键要素。

大数据治理实施

6.3.1 大数据治理实施的目标

大数据治理实施的目标主要包括直接目标和最终目标,如图6-3所示。

图6-3 大数据治理实施的目标

1. 直接目标

大数据治理实施的直接目标是建立一套完整的大数据治理体系,包括战略计划、里程碑、工作描述、组织文化,以及关键领域和数据规范流程等实施相关因素,同时配备支持治理的硬件和软件资源。

大数据治理体系能实现对数据的有效管理,通过对事前、事中、事后各环节的监控,实现数据问题的快速发现并解决,从而保障组织的数据资产质量。

2. 最终目标

大数据治理实施的最终目标是要通过大数据的治理,提升大数据的服务创新,实现数据价值的最大化以及风险的最小化,主要从以下三个方面来体现。

(1)服务创新

服务创新是通过整合现有数据资源,改进过去的服务形式和内容,以更好地满足客户需求,提升用户体验。在大数据背景下,充分利用大数据治理推动服务创新,可以为用户提供全新的整体服务。

（2）价值实现

随着信息化建设的不断发展，建筑行业建立了大量信息系统，但由于各种原因，在信息资源标准化、信息共享、信息利用等方面还存在着诸多问题。例如，用户数据分布在多个系统中，数据量大导致管理难度增加且没有统一的管理标准，难以进行有效的管理，数据缺失、数据重复、数据不一致等数据质量问题都会对组织的发展产生影响。通过实施大数据治理，能够有效提高数据质量和可信度，完善信息资源治理系统，建立统一的数据交换和共享标准，从而降低数据使用成本。

（3）风险管控

大数据治理实施有助于提高组织数据资产的合规监管和安全控制，降低管控风险。建筑行业由于业务范围、地区差异、信息技术等方面的差异，对同一资料的认识和处理方法也不尽相同，导致无法充分、高效、合理地利用有效数据，引发数据使用延迟或决策错误。大数据治理的实施，能够有效提高数据的可用性、稳定性和持续性，从而可以有效地规避以上风险，实现风险管控。

6.3.2 大数据治理实施过程

大数据治理贯穿整个数据生命周期，需要在现有数据管理和使用的基础上，通过科学严谨的流程持续改进，以确保治理工作的高效运行。大数据治理实施过程可分为项目实施和日常运营两个阶段。

项目实施阶段包括识别机遇、现状评估、目标制定、方案制定、方案执行、运行与测量、评估与监控七个步骤；而日常运营则涵盖例行活动和持续改进两个方面，如图6-4所示。

图 6-4 大数据治理实施过程

1. 识别机遇

大数据治理是一个复杂且长期的过程，需要不断改进。治理理念并非一成不变，而是会随着时代变化和社会发展作出相应调整。因此，面对海量数据资源，我们需要寻找恰当的时机，找到具体问题，并根据大数据治理政策，通过实施治理手段解决问题。在这个过程中，识别机遇显得至关重要。

2. 现状评估

在进行大数据治理前，需要对现状进行评估。首先，开展外部调研，了解行业发展趋势、龙头企业的信息化现状，以及竞争对手的大数据应用水平；其次，需要进行内部调研，包括了解与数据治理相关的管理部门、业务部门、数据管理部门，以及受益用户对治理结果的需求；最后，需要进行自我评估，剖析自身的技术水平和人员储备等情况。基于这些信息进行研究分析，为制定阶段目标提供依据。

3. 制定阶段目标

阶段目标制定是大数据治理的核心步骤，它指引治理的组织方向。大数据治理阶段目标需要结合组织的具体要求来制定，虽然没有统一的标准，但也需要遵守基本的要求。阶段目标不仅具有可实现性，还应明确描述所有利益相关者的愿景，满足不同使用者的需求。

4. 制定大数据治理的实施方案

制定大数据治理实施方案的目的是明确治理计划的具体实施过程，包括执行流程、使用范围、阶段性成果、绩效指标和时间节点等内容。实施方案是上层制定目标后，下层落实相关政策的指导说明，它作为治理实施的指南，协助组织更好地实现大数据治理。

5. 执行大数据治理实施方案

执行治理方案，就是按照上一步所制定好的方案，逐步推进实施，这一部分工作主要是构建一套完整的大数据治理体系，包括软件和硬件平台的搭建、相应流程的规范、岗位的设立以及职责的明确。实施治理方案的里程碑就是初步建立大数据治理制度和运行体系。

6. 运行与测量

为了更好地实施大数据治理，需要组建专门负责实施效果和绩效测量的工作小组。通过制定相应的策略流程、考核标准、评价体系和奖惩措施，对大数据治理的各个相关部门实行监督、检查和协调，从而保证大数据治理方案能更好地实施，提高数据的治理质量，确保大数据作为一项组织战略资产，能够最大限度发挥它的价值。

7. 评估与监控

大数据治理运行体系建立之后，必须对治理的运行情况进行监控管理，并根据大数据治理的情况，进行成熟度评估。根据当前成熟度评估状态与目标之间的差距，及时调整改进实施方案和策略，制定更优的治理路线。

8. 大数据治理的例行活动

大数据治理的例行活动是将大数据治理运用到日常的实际工作中，主要包括数据治理标准的制定、元数据管理标准规范和修订工作。例如，建筑企业根据建筑管理的结果，制定了统一的建筑质量标准，并将其规定为企业的建筑验收标准之一，此后新建的建筑项目，质量均要符合此标准。通过这种方式，将建筑管理工作转化成例行活动。

9. 大数据治理的持续改进

大数据治理是一个长期性、持续性的过程。治理过程中业务需求在不断变化，新问题也会不断地涌现，持续改进就是为了解决实际运用中的问题，不断优化以保证治理的准确性和完整性，从而确保大数据治理工作的持续成功。

6.3.3 大数据治理实施的关键要素

当前，尽管各类组织和企业已认识到大数据的重要性和价值，但由于数据的准确性、一致性、相关性和及时性等问题，其应用效果并不理想。因此，如何有效实施大数据治理已成为当务之急。大数据治理的关键要素主要包括以下 5 个方面。

1. 实施目标

根据业务发展需求，制定科学且可持续的阶段性实施目标，能有效指导大数据治理项目的落实。从长期发展的观点来看，这些目标应与大数据治理的价值实现蓝图紧密相连。大数据治理价值的实现蓝图是一个循序渐进的过程，需要从战略角度定位企业战略转型和业务模式创新，并规划中长期的治理蓝图，以确保大数据治理项目的实施目标与长期目标保持一致。

2. 企业文化

为促进大数据治理的成功实施，企业需要注入"数据文化"，倡导"数据是一种资产"的价值观，引导治理实施工作的开展。

3. 组织架构和岗位职责

完善企业组织架构，建立大数据治理的长期机构，有利于大数据治理人才的培养，治理经验和知识的有效传递和积累，确保治理的连续性。

4. 标准和规范

在实施大数据治理前，企业需要了解行业内的大数据标准和规范，制定适合企业自身的标准和规范，并进行持续改进和维护。同时，企业也需要设定数据标准的度量标准，以检查治理实施过程是否偏离目标，以及度量治理的成本和进度。

5. 合规管理和控制

在实施大数据治理的同时，企业要有意识地加强对大数据治理的合规管理和控制。大数据治理实施过程有其通用性，需要循序渐进地归纳治理过程中遇到的共性问题，逐步构建实施过程的合规管理和控制体系。

综合考核

大数据来源广泛，数据质量不可控，常见的质量问题主要包括数据准确性问题、完整性问题、一致性问题、时效性问题、安全性问题等。要解决这些问题，就需要对大数据实施治理。

分组：班级同学分组，4~6人为一组。

任务：可以针对某个建筑项目或建筑公司进行研究，收集相关的建筑数据，如设计图纸、施工记录、设备传感器数据等，然后对这些数据进行质量评估，并提出数据治理的具体实施方案。

成果：提交收集的原始数据及数据治理的实施方案。

任务七 虚拟化技术

Task 07

知识目标

1. 了解虚拟化的定义及发展历程；
2. 了解虚拟化技术的分类；
3. 了解典型的虚拟化软件及操作方法。

能力目标

1. 能搭建简单的虚拟化环境；
2. 能使用虚拟化软件实现资源的弹性扩展。

素质目标

1. 能多路径获取知识，具备探索能力、实践能力；
2. 培养团队成员之间资源共享、协同合作的精神。

虚拟化技术是云计算领域中一个非常重要的概念，可以将物理资源进行虚拟化，提供良好的资源隔离性、灵活性和可扩展性，使得多个应用程序可以在同一台物理计算机上并行运行，提高了物理资源的利用率。

7.1 场景应用

随着虚拟化技术的不断发展，建筑领域设计、施工等环节可以获得更高效、灵活、可靠的计算环境。虚拟化技术可以提高相关人员工作效率和资源利用率，节约项目成本。虚拟化技术在建筑领域的场景应用很多，以下就虚拟化技术在建筑行业的典型应用场景进行简单介绍。

1. 虚拟化技术在建筑信息模型（BIM）协同工作中的应用

BIM 是一个集成的数字化建筑设计和管理系统，需要大量的计算资源来支撑模型的创建、编辑和共享。通过虚拟化技术，可以将物理服务器划分为多个虚拟机，同时为不同的用户和团队提供独立的计算环境，实现 BIM 模型的协作和共享。

2. 虚拟化技术在建筑图形渲染和可视化中的应用

在建筑设计和可视化过程中，需要进行大量的渲染和图形处理，以生成高质量的可视化效果图和动画。虚拟化技术可以将计算任务分配给不同的虚拟机，利用多台服务器的计算能力来加速渲染和图形处理过程，提高效果图生成的效率和质量。

3. 虚拟化技术在建筑数据备份和恢复中的应用

建筑项目涉及大量的数据，包括设计文件、施工计划、材料和设备信息等。虚拟化技术可以用于实现数据的备份和恢复，通过创建虚拟机的快照和复制，可以确保数据的安全性和可靠性。

4. 虚拟化技术在资源优化和节能中的应用

在建筑领域，大规模的建筑项目可能需要大量的计算资源，虚拟化技术可以按需动态分配和管理虚拟机的资源，实现服务器资源的优化利用和节能。

下面以虚拟化技术在建筑信息模型（BIM）协同工作中的应用为例进行介绍。

【应用背景】

建筑信息模型（BIM）设计平台是一种综合性的建筑设计和管理工具，通过数字化模型和数据集成，提供更高效、准确和协同的建筑项目管理方式，它在建筑行业中越来越受到广泛应用。然而设计师们在利用 BIM 设计平台建模的过程中，经常会遇到系统卡顿等现象，尤其在运行大体量的集成模型时，卡顿问题更加突出，主要原因是 BIM 设计平台对计算机的硬件配置较高，终端配置成本较高。

【应用场景】

随着虚拟化技术的不断进步，BIM 软件的虚拟化部署摆脱了传统 IT 模式和构架的束缚，使得 BIM 在线设计服务模式成为可能。如图 7-1 所示，基于虚拟化的 BIM 设计协同工作平台将原来 BIM 设计、模拟实验、优化分析的计算资源由各用户的设计终端承担转向由 BIM 虚拟应用服务器承担。

【应用成效】

BIM 虚拟应用服务器资源按需分配，设计终端不再卡顿。基于虚拟化的 BIM 设计协同工作平台可以按需动态调整计算资源，如增加虚拟 CPU、虚拟内存等，使平台能够适

图 7-1　基于虚拟化的 BIM 设计协同工作平台示意图

应各类设计场景的计算资源需求。

　　虚拟化技术可以提高物理计算资源的利用率，减少硬件成本，并且能够更灵活地配置和管理计算资源。那么什么是虚拟化技术呢？下面我们从虚拟化技术的基本概念开始，了解一下虚拟化技术的特点、分类和常用工具。

7.2 了解虚拟化技术

虚拟化（Virtualization）技术通过将物理资源虚拟化，提高了资源的利用率、灵活性和可管理性，降低了能耗，是现代数据中心和云计算环境中不可或缺的基础技术。

7.2.1 什么是虚拟化

"虚拟化"是一种将物理资源（如计算节点、存储器、网络等）抽象为虚拟资源的技术，如图7-2所示。通过虚拟化，一个物理资源可以同时虚拟出多个虚拟资源，并同时被多个业务应用系统使用，且每个业务应用系统都可以独立运行操作系统和应用程序。

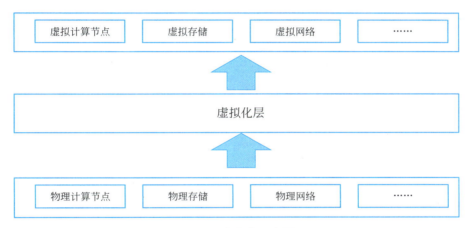

图7-2 虚拟化示意图

虚拟化是一种物理计算资源的抽象方法，通过虚拟化可以用与访问物理资源相同的方法，来访问抽象后的虚拟资源。这种资源的抽象方法并不受现实、地理位置或底层资源物理配置的限制。虚拟化主要包含了以下几层含义。

（1）虚拟化的对象可以是不同的计算资源，例如服务器的虚拟化、存储资源的虚拟化等。

（2）虚拟化向用户隐藏了底层的物理计算资源，用户只需要关注和操作虚拟化后的虚拟资源，而无需了解底层的细节。

（3）用户可以在虚拟计算资源中执行部分或全部物理计算资源中执行的功能，包括运行操作系统，开发、调试应用程序，传输文件以及模拟物理计算资源环境进行网络连接等。

虚拟化技术降低了用户和物理计算资源的关联程度，使用户不再依赖于特定的物理计算资源。利用这种松散耦合的关系，资源管理员可以减少物理计算资源更新维护对用户的影响。

7.2.2 虚拟化技术的特点

虚拟化技术的原理是通过在物理计算机上创建虚拟环境，将计算资源（如处理器、内存、存储和网络）进行抽象和隔离，使多个虚拟计算机能够在同一台物理计算机上同时运行。这样可以提高物理计算资源的利用率，简化管理和部署，并提供更好的灵活性和可扩展性。虚拟化技术一般具有以下几个基本特点：

1. 资源隔离。虚拟化技术通过将计算资源进行隔离，使不同的虚拟计算机之间相互独立，互不干扰。这样可以提高安全性和稳定性，防止一个虚拟计算机的故障影响其他虚拟计算机的运行。

2. 资源共享。虚拟化技术可以将物理计算机的资源划分为多个虚拟资源，并使多个虚拟机或虚拟环境共享这些物理资源。这样可以提高计算资源的利用率，减少硬件成本。

3. 灵活性和可扩展性。通过虚拟化技术，管理员可以按需创建、删除和调整虚拟计算机，实现资源的弹性分配和管理。这样可以快速响应业务需求变化，提高系统的灵活性和可扩展性。

4. 管理简化。虚拟化技术通过将物理计算资源抽象为虚拟资源，简化了计算资源的管理和维护工作。管理员可以通过集中的管理工具对虚拟计算资源进行统一管理，提高管理效率和便捷性。

5. 迁移和备份。虚拟化技术将虚拟计算机的状态和数据都保存在文件中，管理员可以通过文件复制的方式实现虚拟计算机数据及应用的迁移。这样可以方便地将虚拟计算机从一台物理计算机迁移到另一台物理计算机，或者对虚拟计算机进行备份和恢复。

7.2.3 虚拟化技术的发展历程

20 世纪 60 年代，为了对大型计算机硬件进行分区，以提高硬件利用率，IBM 等大型计算机制造商开始研究虚拟化技术，以实现在单个物理计算机上同时运行多个操作系统和应用程序。经过多年的发展，业界已有了多种虚拟化技术，相关的虚拟化运营和管理也得到了广泛研究，其发展历程如表 7-1 所示。

虚拟化技术发展　　　　　　　　　　　　　　　表 7-1

阶段	时间	转折活动
主机虚拟化	20 世纪 60 年代	IBM 推出了第一代虚拟化技术，称为主机虚拟化。这项技术允许在一台物理计算机上运行多个虚拟操作系统，每个虚拟操作系统都可以独立运行应用程序
容器虚拟化	20 世纪 80 年代	Unix 操作系统引入了容器虚拟化技术，通过使用 chroot 命令和命名空间隔离的方式，实现了进程级别的虚拟化。容器虚拟化可以提供更轻量级的虚拟化环境
完全虚拟化	20 世纪 90 年代	VMware 公司推出了第一个商用的完全虚拟化解决方案。完全虚拟化可以在物理计算机上运行多个虚拟操作系统，虚拟操作系统可以直接访问物理硬件资源，而无需对应用程序进行修改

续表

阶段	时间	转折活动
开源虚拟化	21世纪最初十年	开源虚拟化技术开始崛起，开源项目Xen和KVM提供了开源的虚拟化解决方案，为用户提供了更多的选择
容器化技术	21世纪第二个十年	Docker等容器化技术开始兴起。容器化技术通过隔离应用程序的运行环境，实现了更高的性能和更快的启动时间，成为云原生应用开发和部署的重要工具
云计算和虚拟化融合	—	各类云服务提供商广泛采用虚拟化技术来提供弹性计算资源

如今，虚拟化技术已成为全球各种规模企业提高IT性能的首要技术。在欧美市场，服务器虚拟化已经成为各行业用户IT基础设施管理的"标配"，超过80%的企业采用了虚拟化技术。在中国市场，虚拟化技术正在迅速从"接受"走向"普及"。

虚拟化技术的发展历程

7.3 虚拟化技术的分类

在虚拟化环境中，所有的 IT 资源都是虚拟化的实体。根据不同的 IT 资源种类，可以把虚拟化应用分成桌面虚拟化、服务器虚拟化、存储虚拟化、CPU 虚拟化、网络虚拟化和应用程序虚拟化等几种类型，如图 7-3 所示。

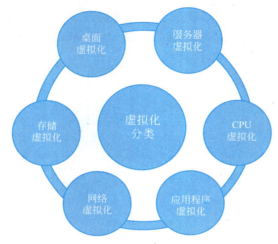

图 7-3 虚拟化技术的分类

7.3.1 桌面虚拟化

桌面虚拟化是指将计算机的终端系统（也称作桌面）进行虚拟化，以达到桌面使用的安全性和灵活性。可以通过任何设备，在任何地点、任何时间通过网络访问属于我们个人的桌面系统。

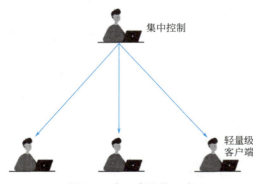

图 7-4 桌面虚拟化示意

桌面虚拟化是将传统桌面操作系统从本地硬件系统转移到远程服务器系统。如图 7-4 所示，用户终端只需要一个小型或者迷你的操作系统，甚至只是一个哑终端，通过网络访问远程服务器上虚拟主机的桌面操作系统及应用软件，所有文件和数据都存储在远程服务器上，终端本身只实现了输入输出及界面显示功能。

使用桌面虚拟化可以给企业用户带来很多好处，例如可以降低企业后续投资成本、方便企业 IT 人员对终端桌面进行集中管控、保证企业数据安全、提高协作效率等。

7.3.2 服务器虚拟化

服务器虚拟化是将虚拟化技术应用到服务器的一种方式，它通过使用虚拟化软件在一台物理服务器上创建多个虚拟服务器实例。在服务器虚拟化中，物理服务器的计算资源（如处理器、内存、存储和网络）被抽象出来，划分为多个虚拟机。每个虚拟机都可以运行独立的操作系统和应用程序，就像是一台独立的服务器。

如图 7-5 所示，在服务器虚拟化前，3 台物理服务器彼此独立运行；服务器虚拟化后，这 3 套操作系统和应用程序运行在同一台物理服务器上。服务器虚拟化可以有效地利用服务器的计算资源，从而提高服务器的利用率，减少硬件成本投入，并实现更灵活的资源分配和管理。

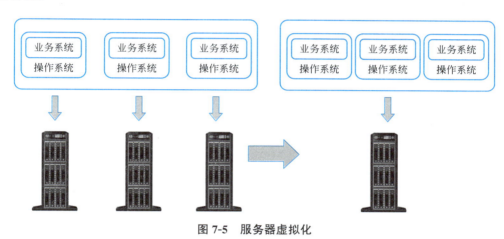

图 7-5 服务器虚拟化

7.3.3 存储虚拟化

存储虚拟化是将实际的物理存储实体与逻辑存储表示分离开来。一个虚拟服务器的应用程序和操作系统仅仅存储在一个被指派的物理存储逻辑卷上，用户不用在乎这些数据具体存放在什么地方。虚拟存储层属于物理存储和用户之间的一种中间层，屏蔽了物理存储设备的物理属性。用户所看到和管理的存储空间，并不是一个实体的物理存储设备，而是通过虚拟存储层映射来对物理存储设备进行管理和使用。对用户而言，虚拟存储资源相当于一个庞大的"存储池"。用户无法看见具体的存储设备，也不用担心数据会经由何种途径存储到具体的哪个存储设备。

通过把大量的存储资源虚拟成"存储池"，实现了对多个不同类型的存储资源的集成，从而提升了整体存储资源的使用率，减少了运行维护成本。存储虚拟化除了具备虚拟化技术的基本特征外，还具备以下特点：

（1）异构存储设备集成

异构（Heterogeneous）在计算领域中是指由不同类型、不同架构或不同规格的组件或系统构成的情况。对这些来自不同供应商、不同品牌和层级的异构存储设备的集成，是存储虚拟化的一个重要特征。通过虚拟层连接来自不同制造商、品牌和类别的磁盘阵列，并将这些异构存储设备集成到单个存储池中，使得所有的存储资源都能在虚拟层界面中被管理，从而有效地提升了存储的利用率，同时也解决了存储的孤岛问题。

（2）高可靠性

存储虚拟化将各种存储资源集成到一起，以虚拟层为核心，为防止虚拟层故障而导致整个存储服务的瘫痪，大多数存储虚拟化产品都采用了高可用机制，即多套存储互相备份，以确保虚拟服务的可靠和连续。数据的在线迁移、镜像管理以及多个平台上的数据拷贝也是高可靠存储虚拟化技术的特征。

7.3.4 CPU 虚拟化

CPU 虚拟化是一种将物理计算机的中央处理器（CPU）资源划分为多个虚拟 CPU 实例的技术。它允许多个虚拟机同时使用同一个物理 CPU。CPU 虚拟化通常依赖虚拟化软件来负责管理和分配物理 CPU 资源给虚拟机，并提供虚拟机与物理 CPU 之间的接口。

7.3.5 网络虚拟化

当前，IP 作为一种实际的网络规划与建设标准，其理论与实践都以 IP 为中心。如图 7-6 所示，IP 网络的虚拟化包括了虚拟局域网（Virtual Local Area Network，即 VLAN）、虚拟专用网络（Virtual Private Network，即 VPN）、虚拟防火墙、虚拟路由器、虚拟网关、虚拟服务质量（Quality of Service，即 QoS）等。从技术角度来看，IP 网络的虚拟化可以划分为网元虚拟化、链路虚拟化、互联虚拟化三大类；从应用的角度来看，可以将 IP 网络的虚拟化划分为资源配置、资源管理、资源运营三大类。

图 7-6　网络虚拟化

尽管 IP 网络虚拟化具有软硬件独立的特点，但是它的迅速发展离不开硬件的支持。当前，网络虚拟化技术正逐步从物理隔离向共享方向发展，以提高网络的弹性、管理能力和资源利用效率，为网络提供多样化的信道服务。目前，IP 网络虚拟化表现为对物理网资源进行抽象、划分和整合。

7.3.6 应用程序虚拟化

应用程序虚拟化（Application Virtualization）是一种将应用程序与操作系统分离的技术，使应用程序能够在独立的虚拟环境中运行，而不需要在本地操作系统上进行安装。应用虚拟化可以提供许多优势，包括简化应用程序管理、提高应用程序的可移植性和兼容性，并增强应用程序的安全性。

7.4 虚拟化的常用软件

虚拟化软件也被称为虚拟机监视器（Virtual Machine Monitor，即 VMM）或虚拟环境管理器，是用于创建和运行虚拟机的软件。接下来就来介绍一下几款常用的虚拟化软件。

1. VMware

VMware 是一套用于服务器虚拟化的软件套件，包括 ESXi（虚拟化操作系统）、vCenter Server（虚拟化管理平台）和其他附加组件。它提供了强大的虚拟化功能，支持在一台物理服务器上同时运行多台虚拟机。VMware 运行的虚拟服务器具有与一般的物理服务器同等的性能与稳定度，同时也具有更好的管理与维护能力。VMware 管理页面如图 7-7 所示。

虚拟化软件介绍

图 7-7　VMware 管理页面

2. Xen

Xen 是一个开源的虚拟化平台，使用一种轻量级的虚拟机监视器作为底层软件层，直接运行在物理硬件上，负责管理和分配物理资源给虚拟机，同时提供安全隔离和资源调度。

Xen 支持两种虚拟化模式，即基于硬件的虚拟化（Hardware-assisted virtualization）和基于操作系统的虚拟化（Para-virtualization）。基于硬件的虚拟化提供了更好的兼容性和隔离性，可以在不进行操作系统适配性修改的情况下运行多个不同的操作系统；而基于操作系统的虚拟化则可以提供更高的性能和效率，但需要对操作系统进行修改和适配。

3. KVM

KVM（Kernel-based Virtual Machine）是一种开源的虚拟化解决方案，它是 Linux 内核的一部分。KVM 使用 Linux 内核作为虚拟机监视器，负责管理和分配物理资源给虚拟机，并提供安全隔离和资源调度。KVM 与 Xen 一样，也支持基于硬件的虚拟化和基于操作系统的虚拟化两种虚拟化模式。

KVM 被广泛应用于企业数据中心和云计算环境中，它提供了高性能、可靠性和安全性的虚拟化解决方案。KVM 的开源性质也使得它受到了广泛的社区支持和持续的发展。

4. Hyper-V

Hyper-V 是由微软公司开发的一款基于微核体系结构的虚拟化平台和虚拟机监视器，是 Windows Server 操作系统的一部分，并且也可以作为独立的产品安装在 Windows 客户机操作系统上。

Hyper-V 直接运行在物理硬件上，负责管理和分配物理资源给虚拟机，并提供安全隔离和资源调度。Hyper-V 可以运行多种操作系统作为虚拟机的客户机，包括各种版本的 Windows、Linux 和其他操作系统，这使得 Hyper-V 成为一个通用的虚拟化平台，Hyper-V 管理页面如图 7-8 所示。

图 7-8　Hyper-V 管理页面

综合考核

虚拟化技术是现代计算领域中非常重要的技术,可以用来实现资源的隔离和利用率的提高。

分组:班级同学分组,4~6人为一组。

任务:使用 VMware 虚拟出一台 Windows 服务器,并为此虚拟服务器动态扩展内存和 CPU 等虚拟资源。

成果:通过虚拟机软件完成 Windows 虚拟机的创建及虚拟资源的动态调整,并记录操作步骤,可附上相应的图片。

任务八 云数据中心与云存储

Task 08

知识目标

1. 了解云数据中心的现状；
2. 熟悉云数据中心的特点和发展趋势；
3. 了解云存储的定义；
4. 了解典型的云存储平台。

能力目标

1. 能够根据实际需求选择合适的云数据中心服务；
2. 能够分析云数据中心和云存储的特点或优势；
3. 能够根据实际使用场景提出优化建议。

素质目标

1. 提升信息素养，增强数据获取能力；
2. 培养解决问题、自主学习探索、团队协作和创新思维等素质。

随着大数据时代的到来，数据量的爆炸式增长和应用的多样化对计算和存储资源提出了巨大挑战。传统的本地计算和存储环境已很难满足这些需求，云数据中心及云存储应运而生。云数据中心及云存储作为集中式的、高度自动化的计算和存储平台，通过强大的硬件设施、虚拟化技术以及分布式系统架构，为用户提供了极具弹性和可扩展性的服务。

8.1 场景应用

云数据中心和云存储在建筑行业的应用有很多，这些技术的应用不仅提高了建筑项目的协同性、安全性和可维护性，也提高了建筑项目的效率和可管理性，为建筑工程师和专业人士提供了更多的工具来实现更安全、更智能的建筑解决方案。因此，了解和应用云数据中心和云存储技术对于现代建筑行业来说至关重要。以下就云数据中心和云存储技术在建筑行业的典型应用场景进行简单介绍。

1. 云数据中心和云存储技术在建筑信息模型协作和数据共享中的应用

云数据中心和云存储在建筑行业中的一个关键应用是支持建筑信息模型（BIM）的协作和数据共享。建筑项目涉及多个团队和利益相关者，需要随时访问和更新项目数据。云数据中心可以托管 BIM 文件和相关数据，使不同团队可以随时访问、编辑和共享信息，从而提高项目的协同效率和项目管理的可视化性。

2. 云数据中心和云存储技术在建筑工地监控和安全管理中的应用

云数据中心和云存储还可以用于建筑工地的监控和安全管理。传感器、监控和其他监测设备可以收集大量实时数据，如温度、湿度、人员位置、安全监控视频等。这些数据可以存储在云存储中，并通过云数据中心进行分析和可视化，以实现对工地情况的远程监控。此外，云存储还可以保存工地监控记录，以便后续审查和安全事故调查。

3. 云数据中心和云存储技术在建筑设备维护和预测性维护中的应用

云数据中心和云存储还可用于建筑设备的维护和预测性维护。传感器和设备可以定期收集建筑设备的运行数据，如温度、电压、工作时间等。这些数据上传到云存储，并在云数据中心进行分析，可使用机器学习等算法进行预测性维护。通过分析云存储中建筑设备的历史运行数据，可以预测设备故障并提前采取维护措施，降低了维修成本，并保障设备在关键时刻可靠运行，有助于延长设备寿命。

下面以云数据中心和云存储技术在凤桐花园项目建筑信息模型（BIM）存储、协作中的应用为例进行介绍。

【应用背景】

凤桐花园项目位于佛山顺德机器人谷，总建筑面积 13 余万平方米。项目是 2021 年住房和城乡建设部确定的首批 7 个智能建造试点项目之一。项目以 BIM 数字化技术为基础，整体应用了包括建筑机器人及智能施工设备、新型建筑工业化在内的智能建造体系，为未来建筑机器人的推广应用起到示范引领作用。

项目过程中，涉及图纸、BIM 模型、GIS 地图等多源异构数据的处理与融合，包含几何描述、贴图、材质、光照参数等几何数据，以及进度、工程量、空间划分、属性参数等业务数据，数据量达百吉字节（GB）级。项目包含开发商、施工方、监理、造价、机器人分包等参与方，各方在不同时空，不同业务场景对建筑信息模型的数据要求也不一样。为了满足项目的多样化数据需求，利用云数据中心和云存储技术，对项目的所有数据进行统一存储，保障了项目计划排程、智慧工地、工程算量、机器人施工等业务系统的顺利实施，实现了BIM+机器人的协同施工，创新性地实现了项目智能建造的试点工作（图8-1、图8-2）。

图8-1 测量机器人工作图

图8-2 天花板打磨机器人工作图

【应用场景】

项目数据主要通过模型图纸上传、在线录入等方式收集，经过相关处理后，数据会进入云存储中进行存储。下面以机器人施工所需数据为例，对存储进行说明。

（1）数据采集

用户通过工程数字孪生平台文件模块，实现对项目图纸、模型、文档等数据的伴随式采集，在业务层面，保障了项目的一模多用及一模到底及数据统一应用。

（2）数据的云存储

用户上传的原始模型和图纸文件通常无法直接供机器人和其他业务系统使用，由于存在数据冗余和不合规问题，需要对这些多源异构数据进行合规性检查和标准化处理。通过这一转换过程，将原始数据转化为标准化数据，实现数据模型与使用数据的分离，以最大化地挖掘模型和图纸中的潜在价值，同时降低使用难度。在数据存储方面，采用了云存储的服务模式，实现了根据业务需求的特点对数据进行分层分类存储。对于几何描述、贴图、材质、光照参数等几何数据，采用了实例化、批次合并、层次化细节等级（HLOD）等轻量化技术进行存储，减少了对云存储的空间需求。

（3）数据在云中的应用

通过工程数字孪生平台的进度计划模块，用户可以制定施工计划，并将任务与模型构件关联起来，以获取工程量数据。当施工日期临近时，计划模块会向机器人下发施工工单，并基于工程量数据安排材料领取。机器人指挥系统接收到施工工单后，会利用云数据中心根据具体的施工任务和机器人类型请求模型数据，计算并规划机器人的施工路径。施工路径规划完成后，系统将依据多机协调算法在适当时机向相应的机器人下达作业指令，以确保施工的高效与准确。

【应用成效】

云数据中心和云存储技术在建筑信息模型（BIM）存储、协作中的应用，实现了多源异构数据的融合与分发应用，是BIM+机器人智能建造新业态的关键技术之一。以往要实现BIM数据驱动业务系统，不同的系统需要根据自身创立各自的BIM模型，在本项目中，运用工程数字孪生平台，通过云数据中心的统一处理，项目各业务系统实现了数据统一、一模多用、一模到底，极大地避免了重复建模造成的人力成本浪费，及各系统因为数据不一致导致问题冲突，从而引发停工等损失。

云数据中心和云存储为建筑行业带来了额外的创新和效益，那么什么是云数据中心和云存储呢？下面我们从云数据中心与云存储的基本概念开始，了解一下云数据中心和云存储的特点、优势及相关云平台产品。

8.2 了解云数据中心

8.2.1 什么是云数据中心

数据中心是各行各业中的业务数据的集合载体，依托先进的信息技术实现数据的采集、存储、传输和综合分析等一系列关键操作，为用户提供方便快捷的服务。数据中心扮演着这些关键操作的基础，通过提供稳定可靠的基础设施和运行环境，保障这些操作的顺利进行，并且能够便捷地进行维护和管理。

一个完整的数据中心包括辅助系统、计算系统、业务系统等三个逻辑部分，如图 8-3 所示。辅助系统主要包括建筑、供电、空调等一系列的辅助设施；计算系统主要指服务器、存储、网络设备和防火墙等；业务系统包括为用户提供服务的软件设备。这三个逻辑部分或对外提供基础设施服务，或对内提供资源支持，它们分别负责不同的业务，相互协作、相互补充，保证数据中心的正常运行，为用户提供高质量、高水准的服务。

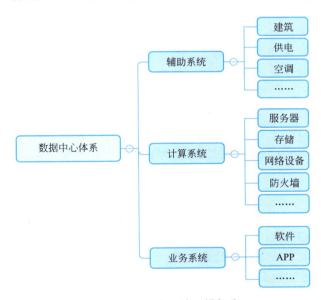

图 8-3　数据中心的逻辑部分

大数据和云计算时代的到来，对传统 IT 行业带来了巨大的冲击。传统数据中心的架构和模式已不再适用，为了更好地提供服务，提高 IT 资源的利用效率，数据中心开始采用虚拟化技术，云数据中心应运而生。

云数据中心（Cloud Data Center）是指由云服务提供商建设和管理的大规模数据中心，用于提供云计算服务。云数据中心通常由大量的服务器、存储设备、网络设备和其他基础设施组成，以支持云计算的各种服务和应用。云数据中心引入了云架构的管理平台，通过动态调配资源，能更智能地管理设备，借助虚拟化技术，降低了对物理设备的依赖，使基础设施更加规模化和标准化，从而简化了数据中心的管理流程，减少了复杂性。同时，也极大地提升了数据中心能够承载的应用数量和业务规模。

8.2.2 云数据中心的特点

云数据中心是为了支持云计算服务而设计和构建的数据中心，具有以下特点和优势。

（1）大规模部署

云数据中心通常是大规模的，拥有成千上万台服务器和存储设备，以支持大量的用户和应用程序。这种规模经济使得云服务提供商能够提供高性能和低成本的计算和存储资源。

（2）虚拟化

云数据中心广泛使用虚拟化技术，如服务器虚拟化、存储虚拟化和网络虚拟化，以实现资源的灵活分配和管理。

（3）弹性和可扩展性

云数据中心具有弹性和可扩展性，可以根据用户需求动态调整资源。用户可以根据需求增加或减少计算和存储资源，如动态调整 CPU 数量、内存大小和硬盘大小等，以适应业务的变化和峰值负载。这种弹性在应对不断变化的需求时显得尤为重要。

（4）高可用性和容错性

云数据中心采用冗余和容错技术，以确保服务的高可用性和可靠性。例如，在多个存储之间进行数据备份和复制，以防止单点故障和数据丢失。同时，云数据中心还具备故障转移和灾备恢复的能力，以应对不可预见的故障和灾难。

（5）自动化和管理

云数据中心使用自动化工具和管理系统来监控、配置和管理各种资源和服务。这些工具和系统可以实现资源的自动分配、故障检测和修复、性能优化等功能，提高管理效率和降低人工干预成本。

（6）节能环保

PUE（Power Usage Effectiveness，能源使用效率）是评估数据中心能源效率的一个指标，它是指数据中心消耗的所有能源与 IT 负载消耗的能源之比。PUE 值已经成为国际上用于衡量数据中心电力使用效率的通用指标。PUE 值越接近于 1，表示数据中心的环保程度越高，能源利用率也越高。与传统数据中心 1.8~2.5 的 PUE 值相比，云数据中心的 PUE 值一般低于 1.6，甚至可以达到 1.1 以下。

8.2.3 云数据中心的分类

云数据中心可以按照不同的标准进行分类，一般可以分为以下几种：

（1）公有云数据中心（Public Cloud Data Center）。公有云数据中心由云服务提供商建设和管理，向广大用户提供云计算服务。用户可以通过互联网访问和使用这些公有云数据中心中的资源和服务。公有云数据中心通常具有高度的共享性和多租户特性，多个用户共享同一组基础设施资源。

（2）私有云数据中心（Private Cloud Data Center）。私有云数据中心由单个组织或企业自己建设和管理，用于满足其内部的计算和存储需求。私有云数据中心通常部署在组织自己的数据中心或机房中，可以提供更高的安全性和定制性，但也需要承担更高的建设和维护成本。

（3）混合云数据中心（Hybrid Cloud Data Center）。混合云数据中心是指同时使用公有云和私有云。在混合云模式下，组织可以将部分重要或敏感的应用和数据部署在私有云数据中心中，同时将其他应用和数据部署在公有云数据中心中。混合云数据中心可以提供更大的灵活性和弹性，使组织能够根据需求选择最适合的部署方式。

8.2.4　云数据中心的发展趋势

随着信息技术的飞速发展，云数据中心也在不断演进和创新。未来云数据中心的发展主要有以下几个方向：

（1）超融合架构。超融合架构将计算、存储、网络等多种功能紧密整合，以提高硬件资源的利用效率。这种架构能够优化数据中心的性能，简化管理流程，同时降低物理设备的复杂性。

（2）节能环保。能源消耗一直是数据中心关注的问题，未来数据中心将更注重采用绿色和节能环保的设计。更有效的冷却系统、智能能源管理和可再生能源的应用将减少数据中心的能源消耗，降低对环境的影响。

（3）5G技术应用。随着5G技术的广泛应用，云数据中心将更好地支持高速传输和低延迟需求。云数据中心将适应5G网络，以提供更快速、稳定的服务，满足不断增长的用户需求。

（4）边缘计算。边缘计算将数据处理和存储功能在物理位置上移到数据源或用户附近，以减少延迟并更好地支持物联网和人工智能等应用。云数据中心将向边缘延伸，为实时性要求高的应用提供更快速的响应。

（5）安全与隐私。云数据中心承载着大量敏感数据，因此安全和隐私保护是不可或缺的。未来云数据中心将采用更先进的加密、认证和访问控制技术，以确保用户数据的安全和隐私。

8.3 了解云存储

8.3.1 什么是云存储

云存储是一种将数据存储在云服务提供商的服务器上的技术。它提供了一种可靠、可扩展和高度可用的数据存储解决方案，用户可以通过互联网访问和管理自己的数据。

云存储以数据存储和管理为核心，通过网络将多样异构的存储设备整合成一个存储资源池，集成了分布式存储、多租户共享、数据安全、数据去重等多种云存储技术，通过统一的 Web 服务接口（Web Service），为授权用户提供灵活、透明的按需分配存储资源的云系统。

云存储汇聚了多种传统存储技术，并进一步超越了传统存储范畴，有效规避了用户因昂贵的设备采购、高额的管理和维护费用所面临的问题，通过资源的集中分配，显著提升资源的利用率，有效化解了海量异构数据存储管理的繁杂难题，进而增强了存储系统在可扩展性、可伸缩性、可靠性和健壮性方面的优势。

8.3.2 云存储的体系结构

云存储体系是一个复杂而高效的组织体系，由多个关键层次构成，包括网络设备、存储设备、服务器、应用软件、通用访问接口、接入网以及客户端程序等，它们协同工作以实现数据的可靠存储、高效管理和便捷访问。与传统存储系统相比，云存储系统专注于多样化的网络在线存储服务。

云存储的体系结构可以划分为四个层次：访问层、应用接口层、基础管理层和存储层，如图 8-4 所示。

1. 访问层

访问层是连接用户与云存储基础架构之间的桥梁，提供了与云存储系统互动的途径，包括基于 Web 的用户界面、命令行界面等，方便用户上传、下载、管理和共享数据。

2. 应用接口层

应用接口层为上层应用程序提供了与云存储交互的接口。它可以包括一系列的应用程序编程接口（API）、用户接入认证、Web 服务接口等，使得开发者可以方便地使用云存储服务来存储和访问数据。

3. 基础管理层

基础管理层是云存储系统中最为复杂的模块，其借助集群技术和分布式存储技术，使得多个存储设备得以协同合作，联袂管理存储资源，并向外界提供安全、可靠、高效的服务。基础管理层还担负数据备份、恢复、迁移以及复制等重要使命。

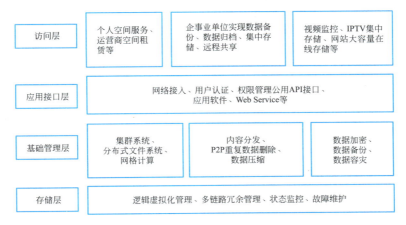

图 8-4 云存储的体系结构

4. 存储层

存储层是云存储结构的核心组成部分，通常由分布在多个不同地点的各种类型的存储设备和网络设备构成。数据存储层负责实现对海量数据的统一管理、存储设备的有效管理以及状态监测等关键功能，如对存储设备的逻辑虚拟化管理、多链路冗余管理，以及对硬件设备状态的实时监控和故障维护。这一层位于云存储体系的底层，充当整个结构的基础支撑。

8.3.3 云存储与云数据中心的关系

云存储和云数据中心之间存在着密切的关系，它们相互协作，构建了大数据时代高效、弹性的数据处理和存储体系。

云数据中心可视为一个巨大的虚拟空间，里面充满了各种计算资源、处理能力和网络连接，为各种应用提供了强大的计算能力，能够满足从日常办公到复杂数据分析的各种需求。而云存储则承担了数据存储、管理的重要任务，无论是个人的照片、视频，还是企业的客户信息、销售数据，都存储在云存储中。

8.3.4 云存储的优势

在大数据时代，随着数据量的爆炸性增长，传统的存储技术在成本和可扩展性等方面已经无法满足需求。为此，许多企业纷纷转向更经济实惠的云存储系统，这可以视为传统存储技术在大数据时代的自然进化。与传统存储相比，云存储具备以下优势。

1. 硬件成本低

得益于云存储的可扩展架构及多副本技术的容错能力，在保障数据安全的前提下，一些原本可能被淘汰的老旧硬件存储设备在云存储系统中仍可继续使用，降低硬件的折旧成本。

2. 管理成本低

云存储系统采用虚拟化技术，将资源进行池化管理，实现高度自动化的管理。根据相关数据分析，如果需要管理相同数量的服务器，特大型存储中心（拥有 5 万台存储设备）与中型存储中心（拥有 1000 台存储设备）相比，其网络和存储成本仅相当于采用中型数据中心管理的五分之一或七分之一。因此，对于规模达到几十万甚至上百万台服务器的云存储平台而言，其网络、存储和管理成本较中型数据中心至少可以降低到五分之一。

3. 能耗成本低

与云数据中心一样，云存储中心的 PUE 值一般也低于 1.6，低于传统的存储机房 1.8～2.5 的 PUE 值。

4. 资源利用率高

传统存储系统通常是根据业务应用的峰值需求进行设计，导致在非高峰时段大量的存储资源被闲置。而云存储系统通过实现多租户多业务的弹性服务，能够按需分配和释放存储资源，从而降低资源冗余，最大限度地提高资源的利用率。

5. 服务能力强

在使用云存储服务时，用户无须考虑存储基础设施的具体实现方式，也不必担心底层业务的灵活性和风险承担，只需要根据实际需求获取资源。这种方式减少了不必要的精力投入和成本开支。

8.3.5 典型的云存储平台

当前，云存储平台已非常普遍。接下来就来介绍几款国内主流的云存储服务平台。

1. 阿里云 OSS

阿里云 OSS 是阿里云提供的一种高可用、可扩展的对象存储服务，如图 8-5 所示。用户可以轻松地存储和访问各种类型的数据，包括图片、视频、文档等。阿里云 OSS 还提供了数据冷热分层存储、数据备份、数据安全等功能，广泛用于企业的数据存储和应用托管。

图 8-5　阿里云对象存储 OSS 示意图

2. 腾讯云对象存储 COS

腾讯云对象存储 COS 是腾讯云提供的一种对象存储服务，它具有高可靠性和低延迟性的特点。COS 支持多种存储类别，包括标准存储、低频存储和归档存储等，满足不同数据的存储需求。腾讯云 COS 还提供了跨区域复制、数据加密等功能，适用于大规模的数据存储和分发场景。

3. 华为云 OBS

华为云 OBS 是华为云提供的一种对象存储服务。它是基于云计算和分布式存储技术构建的，广泛应用于各种场景，如网站和移动应用的静态文件存储、多媒体内容存储和分发、大数据分析等。它为用户提供了可靠、安全、高性能的对象存储服务，帮助用户降低存储成本、提高数据可用性，并支持业务的快速发展。

综合考核

　　随着物联网和传感器技术的发展，建筑行业产生的数据量不断增加。云存储和云数据中心可以用于存储和管理建筑行业的各种数据，如设计文件、施工图纸、设备数据、监测数据等。通过云存储，建筑行业的相关人员可以随时随地访问和共享这些数据，提高协作效率。

　　分组：班级同学分组，4～6人为一组。

　　任务：基于国内多家主流的云存储服务平台，调研建筑行业的数据来源及存储方式、安全性、可访问性等方面的现状；也可以调研本校学生管理或教学管理数据来源及存储方式、安全性、可访问性等方面的现状。

　　成果：提交一份调查报告，分析调查结果，比较并总结各来源数据当前存储实践的优势和不足，提出优化建议。

任务九 并行计算与集群技术

Task 09

知识目标

1. 了解并行计算的定义及发展历程；
2. 熟悉并行计算的分类及效能评估；
3. 了解集群的定义；
4. 熟悉集群系统的分类及集群文件系统；
5. 了解并行计算及集群系统在建筑领域的应用。

能力目标

1. 能分析并行计算和集群技术的优势和局限性；
2. 能根据具体应用场景提出应用并行计算和集群技术初步解决方案。

素质目标

1. 增强团队协作的意识；
2. 提升时间管理的意识。

随着大数据与云计算技术的迅猛发展，数据储量越来越大，对计算力的需求也越来越高。并行计算与集群技术都是用来处理大规模计算任务的重要技术，通过并行计算和集群技术，可以提高计算效率、加速数据处理和提供高可用的计算环境。目前，并行计算与集群技术在科学计算、数据分析、图像处理、仿真建模、智能建造等领域发挥着重要作用。

9.1 场景应用

并行计算与集群技术场景应用

在建筑领域中,大规模的建筑模型和复杂的计算任务都需要大量的计算资源。通过并行计算和集群系统,可以充分利用集群中的计算节点,实现高性能计算,同时集群系统具有良好的可扩展性,可以根据建筑模型的复杂度和计算任务量动态增加或减少计算节点的数量,而且集群系统还具备较好的容错性,即使某个计算节点发生故障,系统也可以自动将任务重新分配给其他正常的节点,保证计算的连续性和可靠性。以下就并行计算和集群技术在建筑行业的典型应用场景进行简单介绍。

1. 并行计算和集群技术在建筑结构分析中的应用

建筑结构分析是评估建筑物结构强度和稳定性的过程。在大型建筑项目中,结构分析通常涉及复杂的几何模型和大量的计算。通过并行计算和集群技术,可以将结构分析任务分解为多个子任务,并在集群中的多个计算节点上并行执行。每个计算节点负责分析建筑物的一个部分,最后将各个计算节点的分析结果合并,得到整体的建筑结构分析结果。通过并行计算和集群技术,可以加快建筑结构分析的速度,提高计算效率。

2. 并行计算和集群技术在建筑流体力学模拟中的应用

建筑流体力学模拟用于分析建筑物内部的气流、热传递和空气质量等问题。在大型建筑项目中,流体力学模拟通常需要大量的计算。通过并行计算和集群技术,可以将流体力学模拟任务分配给集群中的多个计算节点进行并行计算。每个计算节点负责处理建筑的一个区域或一个时间步长的模拟,然后将各个计算节点的模拟结果合并,得到整体的建筑流体力学模拟结果。通过并行计算和集群技术,可以加快建筑流体力学模拟的速度,提高计算效率。

3. 并行计算和集群技术在建筑能源模拟中的应用

建筑能源模拟用于评估建筑的能耗和热舒适性。通过并行计算和集群技术,可以将能源模拟任务分解为多个评估维度,并在集群中的多个计算节点上并行执行。每个计算节点负责处理一个评估维度的模拟,最后将各个计算节点的模拟结果合并,得到整体的建筑能源模拟结果。通过并行计算和集群技术,可以加快建筑能源模拟的速度,提高计算效率。

4. 并行计算和集群技术在建筑优化设计中的应用

并行计算和集群技术可以用于建筑优化设计,例如通过遗传算法、粒子群优化等方法进行参数优化和设计空间搜索。通过并行计算和集群技术,可以同时评估多个设计方案,并在集群中的多个计算节点上进行并行计算。通过并行计算和集群技术,可以加快建筑设计优化过程。并行计算和集群技术还可以用于多目标优化,通过同时考虑多个设计目标,找到最优的设计方案。

5. 并行计算和集群技术在建筑光照模拟中的应用

建筑光照模拟用于评估建筑内部的自然光照情况。通过并行计算和集群技术,可以将光照模拟任务分配给集群中的多个计算节点进行并行计算。每个计算节点负责处理建筑的一个区域的模拟，然后将各个区域的模拟结果合并，得到整体的建筑光照模拟结果。通过并行计算和集群技术，可以加快建筑光照模拟的速度，提高计算效率和精度。

下面以并行计算在桥梁健康状况监测系统中的应用为例进行介绍。

【应用背景】

桥梁是交通线路中的重要组成部分，也是道路工程中的关键节点，准确评估桥梁运营状态是避免桥梁安全事故的关键。在桥梁服役过程中，桥梁健康状况监测非常重要。但在实际运行中，各类桥梁健康状况监测传感器采集到的数据量非常庞大，而且存在大量的噪声、异常值和缺失值等数据问题，传统的单机处理系统难以对海量监测数据进行高效计算处理。

【应用场景】

通过桥梁振动、位移等传感器，监测系统每天采集到将近3GB的原始数据。监测系统在进行数据分析前，需要对原始数据进行清洗，以去除原始数据中的噪声、异常值，填补缺失值，确保数据的准确性和完整性，以便进行数据分析和建模，下面以并行计算应用于异常数据清洗为例进行说明。

由于监测系统采集到的传感器数据为流水数据，数据间相互独立，不存在依赖关系，可以根据数据量将其分解为多个数据子集作为子任务，这些子任务可以在独立的处理单元上并行执行。如图9-1和图9-2所示分别为单机模式下和8个节点的并行模式下的异常数据清洗计算时间与准确率对比。

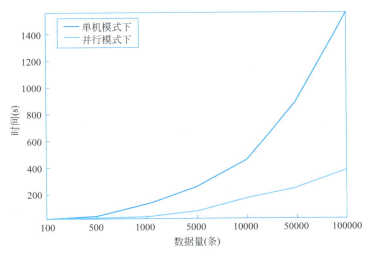

图 9-1　计算时间结果对比

单机模式和并行模式对监测系统采集的原始数据清洗的准确率基本一致，但在单机模式下的计算时间随数据量的增大而快速增长，而在并行计算模式下，计算时间增长比较缓慢，而且数据量越大，并行计算的性能表现出的优势就越明显。

【应用成效】

对桥梁健康状况监测大数据的并行计算，极大地提高了数据处理的能力，使其满足了系统后端对桥梁健康监测大数据分析与挖掘的计算需求。

并行计算和集群技术，可以提高计算效率、加速数据处理和提供高可用性的计算环境。那么什么是并行计算和集群技术呢？下面我们从并行计算和集群技术的基本概念开始，了解一下并行计算和集群技术的原理、分类等相关知识。

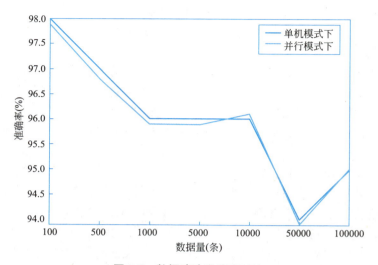

图 9-2　数据清洗准确率对比

9.2 了解并行计算技术

并行计算在许多领域都具有广泛的应用，尤其是对于需要处理大规模数据、复杂问题或实时计算的任务。例如在建筑物的能耗分析、照明模拟、空气流动模拟等方面，需要进行大规模的仿真和模拟计算。并行计算可以在多个处理单元上并行处理不同区域或场景的模拟，加速结果的生成和分析。

9.2.1 什么是并行计算

并行计算也叫高性能计算、高端计算或超级计算，是指利用多个处理器或计算资源同时执行多个计算任务的计算方式，是提高计算速度和处理能力的一种有效手段。

如图9-3所示，并行计算的基本思想是将一个复杂的大数据计算任务分解为多个相对独立的子任务，并在不同的处理单元上同时进行并行处理，以提高计算速度和效率。

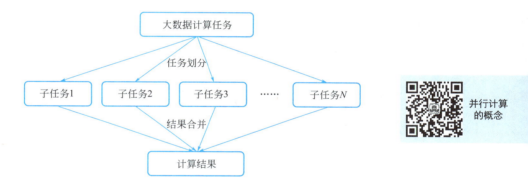

图9-3 并行计算基本思想

并行计算的思想也可以这样理解。如一个建筑工地需要挖土方 2000m^3，一台挖机一天可以挖 100m^3 土，那么需要20天才能完成。如果找20台挖机一起来施工，那么理论上只需要一天就能完成任务，时间大幅缩短。从这个例子可以看出，并行计算的大任务划分并没有让工作量减少，而是增加并行的挖机数量来节约时间。

并行计算是相对于串行计算而言的，其主要目的是提高计算速度和效率。串行计算是使用单个处理器按照指定的顺序执行一系列操作指令来解决问题。与之相对，并行计算利用多个处理器同时执行多个操作指令，从而加快任务的完成速度。通过同时执行多个操作指令，可以将复杂的计算任务分解为多个子任务，每个子任务由不同的处理器并行处理。这种并行性使得计算能够更快地完成，并且具有更高的吞吐量。

并行计算的各子任务独立性较弱，每个节点之间的任务时间要同步，强调时效性，每个子任务都要处理，而且计算结果相互影响，这就要求每个计算结果都要可靠，没有冗余和备份节点。

一个复杂的计算任务要实施并行计算，需要满足以下条件。

1. 并行计算任务的可并行性

并行计算的大任务必须能够被有效地分解为多个子任务，并且这些子任务可以在独立的处理单元上并行执行。如果任务之间存在强耦合或依赖关系，可能会限制并行计算的效果。例如，在建筑结构的搭建过程中，需要按照从下到上的顺序逐层搭建，因为上层的结构需要依赖于下层的支撑。这种顺序性要求就使得任务无法并行化。

2. 大规模问题或数据集

并行计算主要用于处理大规模的计算问题或数据集。如果问题规模很小，串行计算可能已经足够高效了，不需要并行计算。例如在桥梁健康状况监测系统中，如果只处理几百或上千条记录，并行计算的性能优势就无法显现；但如果处理数据量达数十万条记录以上，并行计算的性能优势就明显了。

3. 资源可用性

并行计算需要多个处理单元、计算资源或计算节点。这些资源可以是多核处理器、多台计算机、集群系统或云计算平台等。确保有足够的资源可供并行计算使用是实施并行计算的条件之一。例如，在建筑施工中，如果只有一台大型起重机可用于吊装重物，那么只能进行串行施工，只有一个任务在特定时间进行吊装，其他任务必须等待。

在实施大任务并行计算时，还需要考虑以下问题。

1. 数据分布和通信开销

并行计算将整个大型计算任务分解为多个子任务，并分配给不同的计算单元进行并行计算。如果数据分布不均匀，某些计算单元可能需要计算更多的数据，导致负载不平衡，降低整体计算效率；如果计算单元所需的数据在物理上较为接近，那就可以减少数据传输和通信开销，提高计算效率。因此，在设计并行计算算法和策略时，需要根据具体的需求和场景对数据的分布和通信进行合理的规划和优化。

2. 任务调度和负载平衡

在并行计算中，各子任务需要分配给不同的计算单元。通过合理的任务调度和负载平衡，可以最大化利用系统资源，确保所有处理单元都得到充分利用。如果任务调度不当或负载不平衡，某些处理单元可能会处于空闲状态，导致资源浪费。同时也需要避免将多个执行时间较长或数据量较大的瓶颈任务分配给同一个处理单元，从而避免性能瓶颈和资源瓶颈的出现。均衡地分配任务可以平摊计算负载，提高系统整体计算效率和资源利用率。

9.2.2 并行计算的发展历程

并行计算机的出现是并行计算得以应用的重要前提，大规模科学和工程计算应用对并行计算的需求是推动并行计算机快速发展的主要驱动力，这些应用需要处理海量的数据和复杂的计算任务，通过并行计算可以显著提升计算速度和效率。因此，为了满足这些需求，不断发展和改进并行计算技术和系统已经成为一个重要的研究方向。例如在天气预报、核武器、生物信息处理等各类领域都需要算力具备每秒上百万亿次浮点计算的计算机。并行计算是满足实际需求的可行途径，进一步催生了并行计算机的产生。并行计算各个年代的发展如图9-4所示。

任务九 并行计算与集群技术

图 9-4 并行计算的发展

1. 早期并行计算

20世纪60～70年代，计算机科学家开始研究并行计算的概念和方法。早期的超级计算机通常使用编程语言和工具对具体硬件平台的编程模型进行优化，使其能够同时对大规模数据进行操作。这一阶段的并行计算机都属于单指令流多数据流类型（SIMD），即一条计算机指令流同时应用于多个数据元素集，以实现并行计算。

1972年，世界上第一台并行计算机ILLIAC Ⅳ（伊利阿克Ⅳ计算机）诞生，该计算机包含32个处理单元，并最多可扩展到256个单元。1976年，著名的Cray-1超级计算机投入运行，其峰值性能能够达到每秒2.5亿次浮点运算。

2. 并行计算机体系结构的发展

20世纪80年代，超大规模集成电路技术（VLSI）快速发展，可以集成更多的处理单元到单个芯片中，推动了多处理器和多核计算机体系结构的发展。在这一时期，主要以多条计算机指令流同时应用于多个数据元素集的多指令流多数据流类型（MIMD）的并行计算机研制为主，出现了许多不同的并行计算机体系结构，包括共享存储结构和分布式共享

119

存储结构等。这些体系结构在并行计算领域发挥了重要作用,并为不同的应用场景提供了灵活的解决方案。

在这一时期,出现了真正具备强大计算能力的并行计算机,例如分布存储结构 MIMD 并行机 nCUBE-2,峰值性能可以达到每秒 270 亿次浮点运算。

3. 并行计算的应用扩展

20 世纪 90 年代,微电子技术的进步、网络通信技术的发展以及内存容量的增加共同推动了并行计算机的发展,多指令流多数据流(MIMD)类型的并行机占据了绝对主导地位,并行计算体系结构框架趋于统一,主要以分布式存储结构(DSM)和大规模并行处理结构(MPP)的并行计算机为代表。在这一时期,我国成功研制出了银河-3(Sunway BlueLight)超级计算机,峰值性能可达每秒 130 亿次浮点运算。

4. 集群计算的兴起

进入 21 世纪,高性能并行计算机迎来了巨大的发展,根据应用领域的不同,并行计算机大致分为以微机集群为代表的通用型并行计算机系统和面向某类重大应用问题而定制的大规模并行处理系统(MPP)两类。集群计算成为并行计算的主要形式之一。通过将廉价的个人计算机组合成一个高性能计算集群,可以以相对较低的成本实现高性能计算,并开启了分布式计算的新时代。

5. GPU 加速和异构计算

21 世纪最初十年的后期,图形处理器(GPU)的发展为并行计算带来了重大突破。GPU 具备大规模并行计算能力,广泛应用于科学计算、深度学习、计算机视觉等领域。在近十年里,各种类型的应用程序都开始使用 GPU 进行并行化处理。同时,异构计算技术将多种处理器结合起来,如 CPU 和 GPU 的结合,进一步提升计算性能。

6. 云计算和大数据时代

进入 21 世纪第二个十年后,以大规模并行计算为基础的云计算服务器集群的规模不断扩大。云计算平台的兴起为并行计算提供了更大规模的计算资源和灵活性。大数据的挖掘和分析需要进行海量数据的并行计算和处理。因此,并行计算在云计算环境和大数据时代变得尤为重要。

在云计算和大数据时代,普通用户已不再关心服务器是否会宕机、数据存储在哪里、数据是否会丢失,也不再追求服务器的高性能和高配置,"能用就行"成了云计算和大数据时代对服务器的普遍要求。

9.2.3 并行计算的分类

并行计算可以分为时间上的并行和空间上的并行。

时间上的并行是指将计算任务分成多个子任务,并在不同的处理器或计算单元上同时执行这些子任务,以提高计算效率和加速计算过程。类似于流水线技术,将计算任务分解为多个阶段,并且每个阶段在不同的处理器或计算单元上同时执行,每个处理器或计算单元只负责完成自己阶段的计算,然后将结果传递给下一个处理器或计算单元。

空间上的并行是指利用多个处理机同时执行计算任务的方法。它通过将两个或多个处理机连接在一起,以并发的方式执行计算,从而实现同时处理同一个任务的不同部分,或者解决单个处理机无法处理的大型问题。例如某建筑工程需要建设三幢楼，每幢楼都要经历以下的施工步骤：①建筑物定位放线；②基槽、基坑、土方开挖、立塔式起重机等；③垫层混凝土、基础钢筋、基础模板、基础混凝土等；④地下室（钢筋、模板、混凝土）、地下室防水、回填等；⑤主体升高、主体封顶；⑥二次结构、屋面工程、室内外装饰、楼地面、门窗、水电安装等；⑦调试及竣工验收。

如果不采用空间上的并行，一幢楼建完以后才能建下一幢楼，耗时且影响效率。但采用空间并行技术，三幢楼就可以同时建设，整个建筑工程的建设周期就可以大幅度缩短。在并行算法中，空间并行是一种将复杂任务分解为多个子任务，并将这些子任务分配给不同处理机并行执行的方法，以加速任务的解决速度。空间并行算法的关键在于任务的合理划分和子任务之间的通信与协调，划分任务时需要考虑到子任务之间的负载均衡，即尽量保证每个子任务的工作量相近，避免某个子任务成为整体性能瓶颈。同时，子任务之间需要进行有效的数据传输和共享，以便实现协同计算。

并行计算技术的发展涌现出多种技术方法，并且也有不同的分类方法，这些分类方法主要包括按照指令和数据处理方式进行的 Flynn 分类、按照存储访问结构进行的分类等。这些分类方法有助于我们更好地理解并行计算技术的不同方面和应用场景。

1. Flynn 分类

Flynn 分类是根据指令流和数据流的多倍性特征对计算机系统进行分类。指令流是指计算机执行的操作指令序列，而数据流是指由操作指令流调用的数据序列。根据不同的指令流和数据流组织方式，Flynn 将计算机系统分为以下四类：

（1）单指令流单数据流（SISD）

SISD 机器是一种经典的串行计算机，按顺序执行指令，在同一时间周期只处理一个数据元素集。在计算机早期阶段，许多机器都属于 SISD 类型，例如冯诺依曼架构计算机和早期的巨型机等。

（2）单指令流多数据流（SIMD）

SIMD 是采用一条指令流同时处理多个数据元素集。SIMD 机器往往专注于单一任务，并且具有很高的效能，就好比一个建筑设计师（处理器）重复设计同户型的室内装饰（数据流），那么肯定越做越快。SISD 机器在数字信号处理、图像处理以及多媒体信息处理等领域，具有显著的应用优势。

（3）多指令流单数据流（MISD）

MISD 是一种理论模型，它采用多个指令流来处理单个数据流，在实际情况中，并不存在真正的 MISD 计算机系统。

（4）多指令流多数据流（MIMD）

MIMD 是一种能够同时执行多个指令流的计算机系统，这些指令流可以分别对不同的数据流进行操作，MIMD 系统可以实现作业、任务、指令、数组等各个级别的全面并行计算，由于 MIMD 的灵活性和可扩展性，它已经经受了时间的考验，并广泛应用于众多计算机系统中，例如目前主流的多核 CPU 计算机。

2. 按存储访问结构的分类

并行计算按存储访问结构分类可以分为并行向量处理机、共享存储器、大规模并行处理机和工作站集群。

(1) 并行向量处理机 (PVP)

并行向量处理机 (PVP) 是一种专门设计用于高效执行有序数据元素操作的计算机体系结构。它通过并行处理向量数据，即一次性同时处理多个数据元素，以加速计算和数据处理任务。这种架构通过并行执行有序数据元素的操作来提高计算性能，在科学计算和大规模数据处理等领域发挥着重要作用，在 20 世纪 90 年代的超级计算机上应用较多。

(2) 共享存储器

共享存储器可分为集中式共享存储和分布式共享存储器。集中式共享存储一般是在一个计算机上汇集了多个处理器（CPU），且所有处理器的型号和运行频率须完全相同，其地位也是相同的，都具有相同的存储访问权限。集中式共享存储不支持处理器扩展，典型代表有国产的曙光一号以及 IBM R50 等超级计算机。

分布式共享存储器 (DSM) 系统以节点为单位，每个节点都有一个或多个处理器，通过将内存分布在多个节点上来实现共享内存的效果。分布式共享存储器系统支持节点扩展，典型代表有 Cray T3D 等超级计算机。

(3) 大规模并行处理机 (MPP)

大规模并行处理机 (MPP) 是一种由多个节点组成的并行计算体系结构，每个节点都包含微处理器、局部存储器和网络接口电路，每个节点相对独立，具有一个或多个处理器，并拥有自己的操作系统和独立存储器，各节点通过定制的高速网络进行连接，每个节点只能直接访问本地存储，节点之间的数据共享通常需要通过消息传递或共享文件系统等机制来实现。这种架构适用于需要高性能计算和大规模数据处理的应用领域，如科学模拟、天气预报、金融分析等，典型代表有国产的曙光-1000 和 Cray T3E（2048）等超级计算机。

(4) 工作站集群 (CoW)

工作站集群 (Cluster of Workstations，即 CoW) 可以被理解为由个人计算机 (PC) 和网络组成的系统。工作站集群可以从只有几台 PC（工作站）扩展到数千个节点的 PC（工作站）。每个节点都是一个完整的系统，具备独立的存储和处理器，并通过高性能网络或低成本网络进行相互连接。工作站集群提供了动态扩展节点的能力，已成为高性能计算和云计算领域的主流架构。这种架构被广泛应用于许多领域，包括百度搜索和云计算服务等，工作站集群通过将大量的计算节点组合起来并利用它们的处理能力和存储资源，实现高效的数据处理、分布式计算和服务提供。

9.2.4 并行计算的效能评估

并行计算的效能评估

并行计算系统的效能主要可以从加速比和并行效率两个方面进行评估。

1. 加速比 (Speedup Factor)

加速比是指同一个任务在并行系统与串行系统中运行所消耗的时间比，用来衡量并行系统的性能和效果。

理论上最佳加速比与并行系统处理器的数量成正比，即如果在 P 个处理器的并行系统中运行，其理论最佳加速比即为 P。但通常情况下，加速比不能达到理论的最佳加速比 (P)，其原因很多，主要有以下几点：一个大任务并不是每一部分的计算都能够并行优化，有些子任务间有前后顺序依赖关系；在并行化的过程中可能需要额外的计算或操作，例如各子任务的调度造成的时间损耗等；各节点间的通信需要消耗时间。

2. 并行效率（Parallel Efficiency）

并行效率是指并行计算系统在利用并行处理器进行计算时的效率，它通过比较实际加速比和理论最大加速比之间的差异来度量系统的性能。通常情况下，随着并行处理器数量的增加，加速比可能会达到饱和或下降。并行效率的取值范围为0~1，并行效率越高，代表着并行计算系统能够更有效地利用计算资源，否则就表示并行计算的效率存在一定的浪费，处理器没有得到充分利用。

9.3 了解集群技术

集群技术
的概念

集群技术是当前高性能计算的主流技术，在各种领域和应用中都有广泛的应用，也是支撑云计算和大数据平台的重要技术，通过将多个物理服务器组成一个集群，为云计算和大数据平台提供弹性、可扩展的计算资源池和存储资源池。

9.3.1 什么是集群

集群（Cluster）技术是指一组相互独立的计算机，通过高速网络连接在一起，形成一个共享的计算资源池或存储资源池。这些独立的计算机通过统一协调管理，可以分布在一个机房或者全球不同地区的多个机房。用户在向集群系统请求时，集群系统会以单一独立服务器的形式响应用户，但实际上，用户的请求被分发给了整个集群中的一组服务器来处理。例如当我们打开"百度"页面时，看似只需要一台服务器部署就能达到类似效果，然而实际上，这个简单页面是由成千上万台服务器的集群协同处理的结果。

在集群中，每台计算机都被称为一个节点。集群技术的优势在于它提供了可扩展性和灵活性，系统可以根据需要添加或删除节点，以适应不同规模的计算需求，同时，集群技术也允许任务在多个节点之间分布，实现并行处理和负载均衡。

集群技术被广泛应用于各个领域，如高性能计算、大数据处理、云计算、科学研究等。利用集群，可以实现更快速、高效的计算和数据处理，提高系统的可靠性和可扩展性。

集群是一种成本低廉、易于构建并且具有较好可扩展性的体系结构，一般具有以下特点。

1. 多节点。集群由多个计算节点组成，每个节点都是一个完整的计算机系统，具备独立的计算能力和存储资源。节点可以是实际的物理服务器，也可以是虚拟机。

2. 网络连接。集群的各节点通过网络互连，形成一个内部通信的环境，这样可以实现节点之间的数据传输、任务调度和协同运算。

3. 共享资源。集群中的各节点共享一定的资源，例如存储系统、数据库、文件系统等。这样可以方便地在节点之间共享数据和访问共享资源。

4. 负载均衡。为了高效利用集群中的计算能力，负载均衡可以将任务动态地分配给最合适的节点，以实现任务的均衡和系统性能的优化。

5. 高可用性。集群通常设计为具有高可用性的系统。通过实施冗余和容错机制来确保系统的持续可用性，当一个节点发生故障或下线时，其他节点可以接管其工作，从而保证服务的连续性。

6. 可扩展性。集群具备良好的可扩展性，可以根据需求灵活地增加或减少节点。集群的可扩展性可以满足不同规模和复杂度任务的需求，提供更大的计算能力和存储容量。

9.3.2 集群系统分类

集群系统是由多个计算节点组成的一个整体系统,通过资源共享和协同工作来提供更高的计算能力、可用性和可扩展性。根据集群系统的功能和结构可以分成以下三类。

1. 负载均衡集群系统

负载均衡集群系统适用于为大量用户提供服务的模式,通过分发和平衡工作负载,提高系统性能、可扩展性和可用性。如图 9-5 所示,在负载均衡集群系统中,负载均衡器根据预设的算法或策略,将大量用户集中的访问请求分发到多个后端工作节点上,以确保每个节点接收到的负载相对均衡,避免某些节点过载或资源浪费。

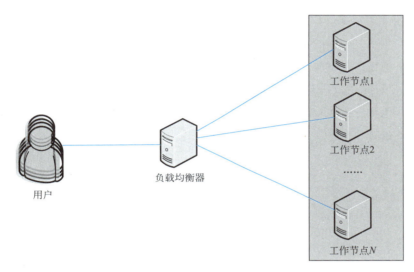

图 9-5 负载均衡集群系统

负载均衡集群系统可以是软件负载均衡,也可以是硬件负载均衡。常见的开源负载均衡集群软件包括 Nginx、HAProxy 等,而负载均衡硬件则有 F5、A10 等。

2. 高可用集群系统

高可用集群系统也适用于为大量用户提供服务的模式,是一种具有高度可靠性、连续可用性和故障容忍性的集群系统,与负载均衡集群系统相比,高可用集群系统通过在集群中的多个节点之间复制和备份数据及服务,以实现冗余和故障恢复,减少服务中断时间。如图 9-6 所示,在高可用集群系统中,当任何一个工作节点发生故障时,集群服务都会迅速作出反应,将该工作节点的服务分配到其他正常运行的工作节点上;当主节点发生故障时,备用节点会完全接管其角色,包括 IP 地址及其他资源等,以继续提供服务。常用的开源高可用集群软件主要有 Keepalived、Heartbeat 等。

3. 高性能集群系统

高性能集群系统适用于解决大规模科学计算、工程模拟和数据处理等高性能计算问题。该类集群通过将多台计算节点组成一个集群,以并行化的方式执行任务,提供超级计算机级别的计算能力和吞吐量。

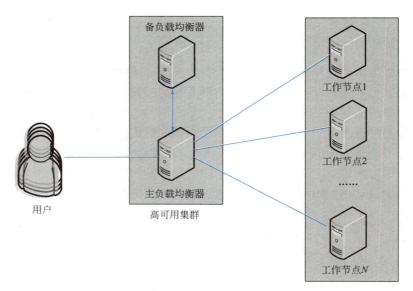

图 9-6　高可用集群系统

 **综合考核**

　　集群架构是当前大数据领域的主流架构，集群技术是支撑大数据和云计算平台的重要技术，已广泛应用于科学研究、天气预报、基因组学、材料科学、流体力学模拟等需要大规模计算能力的领域。并行计算和集群的高可扩展性，能够加速复杂问题的解决过程，提供更精确的模拟结果和科学计算支持。

　　分组：班级同学分组，4~6人为一组。

　　任务：选择一个建筑相关企业、设计院或学校，研究建筑行业或学校相关应用场景，例如建筑信息模型（BIM）协作、建筑结构分析、建筑流体力学模拟等，调查并行计算和集群技术在这些场景的应用情况。

　　成果：请同学们对研究及调查情况进行归纳，撰写一份总结。可以总结并行计算和集群技术在建筑行业或学校中的应用情况，讨论其优势和局限性，也可以对某些应用场景是否需要应用并行计算和集群技术提出有理有据的建议。

任务十

大数据与云计算的安全与伦理

Task 10

知识目标

1. 了解大数据与云计算的安全问题；
2. 了解大数据与云计算的安全保障措施；
3. 了解大数据的伦理问题及治理。

能力目标

1. 能识别大数据与云计算存在的安全隐患；
2. 能采取相关措施来解决大数据与云计算的安全问题。

素质目标

1. 增强数据安全的意识；
2. 增强个人信息保护意识；
3. 具备有法必依、违法必究的遵纪守法意识。

随着云计算技术的迅猛发展，大量的应用系统逐渐由本地部署向云平台部署迁移，云平台也汇集了大量的数据，云计算逐渐成为大数据时代的主流。特别是进入大数据时代后，数据已经成为国家及企业的基础战略资源，数据安全也越来越受关注。近年来，国家通过发布相关法律法规的形式对大数据进行保护，2021年9月1日，《中华人民共和国数据安全法》施行；2021年11月1日，《中华人民共和国个人信息保护法》施行。自此，我们需要对云计算的安全技术与大数据的安全策略、伦理规范等问题进行探讨，确保云计算与大数据平台能更合理、合法、合规地服务于人类生产与生活。

任务十 大数据与云计算的安全与伦理

10.1 了解大数据安全

在 2015 年 11 月，中国共产党第十八届中央委员会第五次全体会议提出了实施国家"大数据战略"，这将大数据开放、大数据技术开发提到了国家战略的高度。在大数据开放的同时，也带来了对大数据安全及伦理的困扰。从个人隐私的角度来看，大数据时代把人们带入了一种开放透明的"裸奔"时代。那么大数据有哪些安全问题？我们又要如何应对呢？

大数据安全与应对

10.1.1 大数据安全与传统数据安全的区别

数据安全是保护信息系统或信息网络中的数据资源免受各种类型的威胁、干扰和破坏，即保证数据的安全性。

传统的数据安全威胁主要包括盗窃数据文件、毁坏重要数据、破坏数据的正确性和完整性的计算机病毒和黑客攻击，以及由于不可抗力、物理故障损坏和电磁辐射以及误删除、误格式化等误操作造成的数据存储介质的损坏等，其关注的是数据的保密性、完整性和可用性等静态安全。

在大数据时代，数据通过开放共享、交易等方式进行流通，数据的价值得到大幅度提升，数据逐渐从传统的静态使用走向动态利用，因此，大数据安全体现出了与传统的数据安全不同的特征和问题，主要包括以下几个方面。

1. 移动数据安全压力凸显

随着社交软件、电子商务、物联网、自媒体等平台和技术的快速发展，人们不论在打电话、发短信还是微信聊天、刷短视频，抑或下载软件、玩游戏等，都会产生大量的数据。这些数据隐含了用户的地理位置、兴趣喜好、习惯等隐私信息，这就要求移动运营商要具备更高的数据安全防范能力，才能确保数据不被泄露。

2. 大数据极易成为网络攻击的目标

在互联网上，数据越多，受到的关注也就越多，就更可能成为网络攻击的目标。大数据平台一般都需要为用户提供各类场景数据服务，因此很容易被暴露，而且大数据数据量巨大，攻击者一旦侵入成功，就能获得大量的数据，无形中增加了攻击者的收益率。

3. 用户隐私保护难度提升

在大数据时代，由于不同来源的共享数据汇聚在一起，通过分析挖掘等大数据技术处理，就可能还原个人完整的隐私数据，不可避免地增加了隐私泄露的风险。

10.1.2 大数据的安全问题

大数据不仅在采集、预处理、传输、存储、分析挖掘、开放使用和销毁等各个生命周期环节存在安全隐患，在大数据的应用和管理方面也同样存在安全问题。

129

1. 大数据生命周期安全

传统的数据防护技术已不能满足大数据安全保护的需求，《大数据安全标准化白皮书》中提出要各层面、各环节保障大数据安全。

（1）大数据采集的安全

在大数据时代，有海量的数据可供收集，但有效数据比较分散，且数据收集的工具和手段比较滞后，难以实现对大量有价值数据的有效收集，以至于出现漏收集的情况，从而不能保证数据的完整性。

（2）大数据传输的安全

大数据一般是通过网络进行传输，在数据传输过程中可能存在数据缺失、泄露、窃取等安全问题。

（3）大数据预处理的安全

由于大数据数据源的多样性，同一用户的数据可能有多个来源，数据质量参差不齐，甚至存在数据打架的问题。在对数据进行预处理时，有可能会对有价值数据进行误处理。

（4）大数据存储的安全

在如今大数据时代，数据迅速增长，传统的数据安全防护技术已经不能满足大数据存储及安全的需要。

（5）大数据分析挖掘的安全

大数据在分析挖掘时，很可能导致匿名等个人隐私保护措施失效，使得个人信息被挖掘出来，存在泄露风险。

（6）大数据开放使用的安全

在大数据时代背景下，对数据的开放使用呈现多样化和复杂化的趋势，在对外提供各类接口或服务的过程中，涉及大量的数据处理人员及数据接口服务，各种安全隐患也会不断暴露，数据服务平台的安全管理压力会进一步加大。

（7）大数据销毁的安全

大数据在销毁过程中一旦出现问题或数据销毁不彻底，就可能引发数据重复、数据不准确等质量问题。

2. 大数据应用和管理安全

在大数据时代，数据从静态安全转变为动态安全。大数据是否合理应用和有效管理不仅使个人或企业层面受影响，还会深入到影响社会稳定和国家政治安全的层面。大数据在应用和管理上除了上文提到的大数据安全问题外，还包括以下一些问题。

（1）个人信息泄露问题

人类进入大数据时代以来，个人信息泄露的事件频发，仅 2022 年一年就泄露了约 15 亿条个人记录，2023 年更是创下历史新高，仅前三季度敏感数据泄露就比 2022 年全年高出 20%。

（2）社会工程学攻击问题

社会工程学专门利用个人的心理弱点进行攻击，而且由于大数据体量大且具有关联性，黑客采用社会工程学攻击往往会有较好的收获。社会工程学攻击的案例很多，例如京东白条诈骗。攻击者通过网络搜索、社交媒体或其他渠道获得目标人员的个人信息，然后冒充京东白条客服人员，以京东白条账户存在逾期或欠款情况为由，采用威胁、恐吓或利诱等形式，让目标人员相信他们是真实的京东白条客服，并需要立即还款以避免征信记录受损，要求目标人员提供个人身份信息、银行账户信息、支付密码、验证码等敏感信息，或者执行转账、支付等操作，这时一些防范意识薄弱的目标人员就容易受骗。

（3）软硬件后门问题

软硬件供应商利用特殊硬件芯片，或直接在软件上设计特殊的路径处理，预留监听后门。软硬件后门非常隐蔽，很难被检测出来，一旦软硬件设备存在后门，所有的安全防范措施都将形同虚设，而且其影响非常大，不仅侵害个人利益，甚至会对国家安全造成威胁。早在2014年，国家互联网信息办公室就要求一切关系国家安全和公共利益的系统使用的重要技术产品和服务，都应通过网络安全审查。

（4）云计算平台问题

云计算作为大数据支撑平台，虽然具备易扩展、高可用的优势，但也有很多弊端。云计算的数据存储空间由服务商分配，用户不能确定数据存储在哪些物理节点上，这使用户失去了对数据的绝对控制权。

（5）大数据访问控制问题

大数据可能被用于多种不同场景，而不同的场景对数据的需求又不一样。面对大量的用户需求，数据管理员无法准确为每个用户指定其访问权限，如果不做细粒度的访问控制，那数据安全就容易失控。

（6）国家安全问题

大数据作为一种国家基础战略资源，已经成为衡量一个国家综合国力的重要指标。如果敌对势力利用大数据技术来实施违法犯罪活动，对人们生产生活将造成巨大影响，尤其是涉及国计民生的关键基础设施的大数据资源一旦受到破坏，将使得国家在政治、经济、军事等各个领域受到巨大损失。

此外，大数据时代各类自媒体平台快速崛起，使得每个人都是自由发声的独立媒体，在网络上发表自己的观点。但是自媒体平台发展良莠不齐，有的主播为追求点击率歪曲事实甚至发布虚假信息，引起网络舆情，冲击国家主流发布渠道的权威性。网络舆情本是人民参政议政、舆论监督的重要反映，但自媒体往往容易被境外敌对势力利用和渗透，成为反动思想的传播渠道，影响了意识形态安全。

10.1.3 大数据安全的应对策略

在大数据时代，数据量飞速增长，一般都采用云存储和云数据中心进行数据存储，这使得用户对数据变得不可控，数据安全就显得非常重要。因此，我们可以从以下几个方面来加强大数据的安全保护。

1. 建立完善的大数据安全保障体系

大数据安全相关的法律法规及相关政策环境是大数据健康发展的基础和保障。近年来，我国非常重视大数据相关法律法规的建设，出台了一系列法律法规，如表10-1所示，为大数据健康发展营造了良好的环境。

大数据相关法律法规　　　　　　　　　　　　　　　表 10-1

序号	发布年份	法律法规政策名称	大数据安全相关内容
1	2013 年	《电信和互联网用户个人信息保护规定》	明确电信业务经营者、互联网信息服务提供者收集、使用用户个人信息的规则和信息安全保障措施要求
2	2015 年	《促进大数据发展行动纲要》	提出加快政府数据开放共享，建立政府和社会互动的大数据采集形成机制
3	2021 年	《中华人民共和国数据安全法》	将个人、企业和公共机构的数据安全纳入保障体系，规范了行业组织和科研机构等主体的数据安全保护义务。数据安全法确立了对数据领域的全方位监管、治理和保护
4	2021 年	《中华人民共和国个人信息保护法》	我国第一部个人信息保护方面的专门法律。对个人信息处理规则、个人在个人信息处理活动中的权利、个人信息处理者的义务、履行个人信息保护职责的部门以及法律责任作出了极为系统完备与科学严谨的规定
5	2022 年	《互联网信息服务算法推荐管理规定》	强调了对"具有舆论属性或社会动员能力"的算法推荐服务的监管，针对算法歧视、"大数据杀熟"、诱导沉迷等进行了规范管理
6	2024 年	《中华人民共和国消费者权益保护法实施条例》	规定经营者应当依法保护消费者的个人信息

2. 提高个人数据安全意识

在大数据时代，我们每个人都应该主动学习一些数据安全基础知识，提高数据安全意识，了解可能存在的个人信息泄露的风险，可以通过一些数据泄露的案例，学会如何最大限度保护个人数据不被泄露，同时在生活中加强安全意识，如对各类账密进行严格保密，不在网络上发布个人信息，不发布个人定位，不连公共 Wi-Fi 进行支付类敏感操作等，提高数据安全风险识别能力，提前识别各类电信诈骗手段并及时防范。

3. 注重数据生命周期安全

要识别数据全生命周期各环节存在的安全隐患。从数据采集源头进行遏制，不过度采集个人数据，落实数据管理责任，确保数据管理有章可循有法可依，避免因个人数据的泄露或不当使用而造成多方损失。

4. 加强网络安全管理

基于云计算背景下，大数据的存储和操作都是通过网络层传输来实现的。加强网络层数据辨识智能化，与本地系统的相互监控协调，杜绝非常态数据运行，结合网络层网关等其他系统安全措施，降低数据泄露风险。

5. 加强大数据平台安全管理

避免暴露大数据平台细节，降低被攻击风险，实施用户账号的集中管理；统一管理大数据平台用户访问控制策略，实现细粒度的访问控制；根据数据敏感程度，采用数据的分级分类存储，避免不同敏感等级的数据共同存储导致敏感信息泄露；加强数据操作审计与溯源，及时发现非法数据访问行为。

10.2 大数据伦理与治理

大数据技术与其他所有技术一样，都是一把"双刃剑"，本身没有好与坏，它的善恶全在于大数据技术的使用者，包括个人和企业，他们有着各自不同的目的和用途，技术被应用后，就有可能产生意料之外的伦理问题。那么大数据会产生哪些伦理问题？我们又该怎样治理呢？

大数据伦理与治理

10.2.1 大数据伦理典型案例

大数据为现代社会、经济等带来便捷和机遇的同时，也带来了更多的安全风险。大数据安全事件，尤其是大规模的数据泄露和违规违法事件，不仅会给相关企业造成巨大的财产和声誉损失，更会危及大量个人的信息安全。仅2023年我国就发生过多次重大数据安全事件，例如浙江某城市马拉松报名系统参赛者信息泄露、江西某高校3万余条信息泄露、国内某主流电商平台181亿条交易记录数据泄露等，这里简单介绍几个大数据安全及伦理的典型案例。

1. 棱镜门事件

说到数据安全，就不得不提"棱镜门"事件。2013年，美国中情局前雇员斯诺登向有关媒体曝光"棱镜计划"，在棱镜计划中，美国国家安全局和联邦调查局通过接入苹果、谷歌、雅虎等多家全球顶尖互联网公司服务器，在全球范围内对视频、电话、邮件、图片等大量数据进行监控。通过棱镜计划，美国国安局可以收集大量的用户上网痕迹，包括聊天记录、语音视频通信、电子邮件等等，仅通话记录，美国国安局一天就可以收集到50亿人次以上。通过非法获取到的这些巨量数据，美国国安局就可以利用大数据分析挖掘等技术，实时掌握全球范围内政治、经济、文化、社会、生态等各个方面的情报。棱镜计划的曝光，使得大数据安全在全球范围内受到前所未有的关注。

2. "查开房"事件

同样在2013年，有人在微博上曝光了一个用于查询酒店开房记录的网站。只要在该网站上输入查询对象的姓名和证件号码，就能查到该人员在一些大型连锁酒店的开房信息。

"查开房"网站的出现，使得大量个人隐私信息泄露，引发了社会伦理的大问题，大众的知情权与个人隐私权的矛盾再一次被激化。

3. 个人信息过度采集

在日常生活中，我们经常碰到这样的经历：我们在安装手机APP或在注册账号的时候，不仅要求我们提供大量个人信息，还要求向其开通获取位置信息、访问通讯录等大量手机权限，不提供就无法使用。第十一届全国人民代表大会常务委员会第三十次会议通过的《全国人民代表大会常务委员会关于加强网络信息保护的决定》中明确规定，网络服务提供者和其他企业事业单位在业务活动中收集、使用公民个人电子信息，应当遵循合法、正当、必要的原则。手机应用软件超范围收集用户个人信息的情况目前仍然非常普遍，甚至像日历、指南针这类功能单一的手机应用软件，都会要求甚至默认开通位置、通讯录等访问权限。个人信息的过度采集必然增加了信息泄露的风险。

4. ××网撞库事件

所谓撞库，是指黑客利用用户在不同网站采用相同账密的注册习惯，通过攻破一个网站获取用户账密信息，然后用同样的账密尝试登录其他网站，如果登录成功就可获得用户更多的个人信息。简单来说，如果你淘宝账号密码的设置与微信一样，那么一旦黑客攻破你的微信后，就可以登录你的淘宝账户进行"买买买"。

2016年，票务网站××网被撞库导致大量用户信息泄露。不法分子冒充××网客服人员，利用掌握的个人信息打消客户怀疑，以误操作为由引导客户进行银行卡操作实施诈骗，诈骗金额达147万元。××网撞库事件也给了我们一些警示：我们的各类账密设置别再"一招鲜"！一旦撞库，看光光不算，还被偷光光！

5. 大数据杀熟

"大数据杀熟"就是指商家在出售同样的商品或服务时，给老客户显示的价格比新客户要贵出许多的现象（商家明确标明有新客优惠的除外）。

"大数据杀熟"事件在我们日常生活中也时常发生。2020年，某用户通过某旅游出行APP预订了某酒店一个标价2889元的房间，但在酒店却发现该房型的实际挂牌价不到该旅游出行APP标价的一半。该用户作为该旅游出行APP"钻石贵宾客户"，不但没有享受优惠，还支付了大大高于实际产品价格的费用，遭到了"杀熟"。该纠纷事件于2021年7月在浙江省绍兴市柯桥区法院进行了审理，并一审判决该旅游出行APP存在"大数据杀熟"的侵权行为。

近年来，大量知名电商平台都曾被爆存在"大数据杀熟"现象。据2022年北京市消费者协会的一项调查报告显示，超七成的被调查者认为"大数据杀熟"现象仍然存在，超六成的被调查者有过被"大数据杀熟"的经历，其中网购平台、在线旅游、网约车类移动客户端或网站是"重灾区"。

6. 信息茧房

信息茧房是指人们的信息领域会习惯地被自己的兴趣所引导，从而将自己的生活桎梏于像蚕茧一般的"茧房"中的现象。

日常生活中也存在很多"信息茧房"的案例，例如用户在某短视频APP浏览视频、点赞、关注等相关信息都会被记录。该短视频APP利用大数据技术对这些记录进行分析，就可以预测用户的兴趣，然后为用户推送喜欢的视频，使得用户很难看到他不感兴趣的内容。于是，在该短视频APP中，人们的视野就容易被局限在感兴趣的那一方面内容，这就成了一个"信息茧房"。

10.2.2 大数据产生的伦理问题

如今大数据已经作为基础战略资源渗透到各个产业领域。对于企业来说，大数据可以指导和优化企业的业务流程，帮助企业做出最符合社会发展规律的决策。这使得大数据在成为企业竞争新赛道的同时，也带来了大量的伦理新问题。

1. 大数据的可信性问题

互联网上的数据并不都是可信的,这主要包括数据在传播过程中出现失真和人为伪造数据两个方面。不要以为"有图有真相"就是可信的,图片是可以处理的,而对应文字说明可以是"断章取义"来误导别人的。如何鉴别数据来源的真实性?这利用大数据技术也许能做到,但在伦理学上是否都应该去做呢?比如大数据溯源技术就是一种用来确定数据来源的技术,但是很多数据来源本身就属于隐私数据。很多人在网上发布信息,却不想被人追溯到现实生活中的实际身份。因此,治理或防范数据失真或失信,将是大数据技术面临的一个公共伦理学难题。

2. 数字鸿沟问题

"数字鸿沟"简单地说就是指在大数据时代,不同群体在获取信息、资源、知识以及对大数据应用的巨大差异。数字鸿沟是一个涉及公平公正的问题,在我们日常生活中非常普遍,例如我们日常用手机打车、线上预约挂号、网购等已经习以为常,但对不会使用智能手机的老年人来说,这些都是不可及的。数字鸿沟在大数据时代将长期存在,这也是大数据技术面临的一个世界性的伦理学难题。

3. 数据独裁问题

"数据独裁"是指在大数据时代,由于数据量的爆炸式增长,导致做出判断和选择的难度陡增,迫使人们必须完全依赖数据的预测和结论才能做出最终的决策;从某个角度来讲,数据独裁就是让数据统治人类,使人类彻底走向唯数据主义。数据独裁的情况目前已经非常普遍,例如当我们在申请贷款或企业在招聘人才时,决策者往往依赖大数据来帮助他们做决定,这就很可能会出现无意识地根据种族、性别或者年龄筛选,出现歧视的情况。

4. 数据垄断问题

大数据时代的数据垄断一般是互联网超级巨头利用自身营造的网络生态吸引流量,汇集海量信息,从而实现对数据的控制,提高市场进入的壁垒,成为市场寡头,出现消费者不得不接受服务的情况,最终导致消费者接受服务成本过高。数据垄断事件在我们日常生活中也很常见,例如国内某些网约车平台,前期投入大量补贴资金抢夺用户资源,获得了垄断优势后,使得乘客和司机很难在其他平台上打到车或获得订单。该网约车平台在实现数据垄断后就不断提高对司机的抽成比例,甚至通过算法对乘客进行"大数据杀熟"。

10.2.3 大数据伦理治理

大数据伦理问题产生的原因是多方面的,主要有法律体系不健全、道德规范缺失、管理机制不完善、大数据技术本身缺陷等。因此。大数据伦理问题的治理,可以从以下几个方面着手。

1. 完善大数据立法

治理大数据的伦理问题,首要方式就是通过制定和完善大数据相关法律法规,对大数据使用者及管理者进行强制性约束。近年来我国先后出台了《网络安全法》《数据安全法》《个人信息保护法》等法律法规,并加大执行力度,以法律武器保障个人数据安全。同时,要建立全社会监督体系,构建大众参与、全民监管的监督新模式,监管数据的真实性和安全性。加强行业自律，促进行业监督，建立举报制度，在保障公民权利不受侵害的前提下加大对违法事件的处罚力度，保护大数据技术的运行环境。

2. 加强大数据伦理规约的构建

要坚持以人为本，坚守道德底线，制定大数据伦理规约，在道德层面上来约束人们合理使用大数据技术。个人需要提高保护个人信息的安全意识和能力，企业或大数据技术使用者有义务去保护用户的个人隐私数据，政府需要在管理层面上加大对大数据技术违法违规使用的监管，在利用大数据技术做决策时，要最大程度保障社会的公平公正，缩小数字鸿沟。

3. 完善大数据伦理管理机制

要加强大数据从业人员的职业道德素养，在大数据技术研发阶段就建立伦理评估和制约机制，在大数据推广应用阶段要加强监督，借助一些奖惩机制等外在治理手段，引导大数据技术应用主体形成特定的道德习惯，从而变成一种集体的道德自觉。同时，政府在制定各行业大数据安全标准时，要积极鼓励行业大数据运营商参与，并进行引导和规范。这样，政府既可以对大数据伦理问题进行保护，又可以促进行业的发展，达到国家利益、行业利益和用户利益三者的平衡。

10.3 了解云计算安全

《2020年中国互联网网络安全报告》显示，云平台已经成为当前网络攻击的重灾区。那么云计算存在哪些安全问题？又有哪些安全保障技术呢？

10.3.1 云计算安全现状

随着云计算技术的快速发展和广泛应用，人们对云计算的安全性问题越来越关注。云计算安全是一个复杂而且不断变化的议题，涉及数据隐私、身份验证、数据完整性和可用性等多个方面。个人和企业用户将大量的数据存储在云平台中，一旦云计算服务提供商出现安全问题，这些数据就会存在泄露、丢失或被滥用的风险。近年来，因云计算服务提供商造成的数据丢失和泄漏事件时有发生，云计算安全已经成为云计算进一步发展道路上必须要解决的问题。

10.3.2 云计算的安全问题

随着云计算的快速发展，人们对其安全性问题的关注也日益增加。云数据中心面临一系列的安全问题，如图 10-1 所示。

图 10-1 云数据中心面临的安全问题

首先，最主要的问题就是数据隐私。由于云计算服务提供商通常会存储大量用户敏感数据，因此数据隐私成为一个重要的关注点，用户担心他们的个人信息和敏感数据可能会被未经授权的人访问和滥用。

其次，数据完整性也是云计算安全的一个重要方面。在云计算环境中，数据可能会被多个用户同时访问和修改，因此确保数据的完整性变得尤为重要。

服务可用性也是云计算的一个关键问题。云计算服务的可用性指的是用户能够随时随地访问和使用云计算资源的能力。然而，由于云计算系统的复杂性和规模，可能会出现系统故障或网络中断等问题，导致云计算服务不可用。

云计算还面临着网络安全的挑战。黑客可以通过网络攻击云计算服务提供商的服务器，窃取用户的数据或者破坏云服务的正常运行。

尽管外部攻击受到更多关注，但云计算服务提供商内部人员，特别是拥有高级权限的员工，如果心怀不轨，也可能造成重大安全事件。

此外，云计算还面临着数据合规性和法律问题。由于云计算涉及大量用户的数据存储和处理，因此需要遵守各种数据和隐私保护法律。云服务提供商需要确保他们的服务符合相关法规，并采取适当的措施保护用户数据的合规性。

10.4 云计算安全保障技术

10.4.1 访问控制机制

访问控制机制是指通过一系列的策略和技术来管理和控制用户对云平台中资源的访问权限。它的目标是确保只有经过授权的用户才能访问特定的资源，并且能够对用户的操作进行跟踪和监控。访问控制机制的有效实施可以帮助防止未经授权的访问、数据泄露和恶意攻击等安全威胁。

云计算安全保障技术

10.4.2 数据加密和隐私保护

云计算的数据加密和隐私保护是保障云计算环境中数据安全的重要手段。通过合理使用数据加密技术和隐私保护措施，可以有效保护用户的数据不被未经授权的人员访问和窃取。在云计算环境中，数据通常会通过公共网络进行传输，因此数据加密是非常必要的。未来，随着云计算的不断发展和应用，数据加密和隐私保护的研究将会变得更加重要，同时也需要不断创新和完善技术手段，以应对不断出现的安全挑战。

10.4.3 数据安全隔离技术

云计算的数据安全隔离技术是指通过各种技术手段，将不同用途的数据在云计算环境中进行有效隔离，确保用户的数据不会被其他用户或恶意攻击者访问、篡改或泄露。

云计算的数据安全隔离技术是保护用户数据安全的重要手段。通过物理隔离、虚拟化隔离等技术手段的综合应用，可以有效防止用户数据的泄露、篡改和未经授权访问。

10.4.4 云计算审计

云计算审计是指对云计算环境中的资源、服务和操作进行监控和评估，以确保云计算系统的合规性、安全性和可靠性。

云计算审计的重要性不言而喻，它可以帮助用户监控云计算服务提供商的行为，确保其遵守相关法律法规和合同，保护用户的数据和利益。同时，云计算审计还可以帮助用户评估云计算系统的性能和可靠性，提高系统的可用性和可信度。

云计算安全审计工作可以手动执行，也可以借助自动化工具执行。这类工具多用于识别和修复漏洞、监控安全策略合规情况，并跟踪云环境出现的变化。

10.4.5　云灾备

云灾备是一种通过将数据备份和恢复功能移至云平台的解决方案，以确保数据在灾难事件发生时的安全性和可用性。

云灾备服务主要有数据级灾备和应用级灾备。数据级灾备主要是对数据进行备份和恢复，以确保在灾难发生时数据的完整性和可用性；应用级灾备是指将整个应用程序及其相关数据进行备份，以便在灾难发生时能够快速恢复。与传统的备份和恢复方法相比，应用级灾备能够实现快速恢复。

综合考核

在大数据时代，数据安全事件频频发生。同学们可以对建筑领域可能存在的数据泄露风险点进行调研。

分组：班级同学分组，4~6人为一组。

任务：调研建筑行业中涉及的各种数据类型（如设计数据、施工数据、运营数据等），并研究如何保护这些数据的隐私和安全。调研建筑公司在数据安全保护方面存在的问题，并提出相应的安全建议和解决方案。

成果：撰写不少于800字的建筑行业数据安全调研报告，尽可能附上调研中所获得的数据和现场图片等相关材料。当然材料都需要得到被调研者的允许，被调研者的个人信息也需要脱敏，因为这也属于个人隐私数据。同学们要时刻保持警惕，避免个人隐私数据外泄。

参考文献

[1] 李学伟,张若冰.创新研究推动智慧北京关键技术发展[J].北京联合大学学报:人文社会科学版,2020,18(3):1-10.

[2] 庞斌,张晟,肖淼.基于标准的大数据互连技术综述[J].机电元件,2020,40(2):7.

[3] 李伯虎.云计算导论[M].北京:机械工业出版社,2018.

[4] 于长青.云计算与大数据技术[M].北京:人民邮电出版社,2023.

[5] 章瑞.云计算[M].重庆:重庆大学出版社,2019.

[6] 安俊秀,靳思安,黄萍.云计算与大数据技术应用[M].北京:机械工业出版社,2022.

[7] 陈俞宏.基于效用的大数据定价方法研究[D].重庆:重庆交通大学,2020.

[8] 刘政宇.基于大数据的数据清洗技术及运用[J].数字技术与应用,2019(04):102+104.

[9] 井明.面向动态图数据的嵌套型可视表达与可视分析关键方法研究[D].济南:山东大学,2020.

[10] 岳晓宁,原忠虎,石春鹤.增量式自适应大数据挖掘算法[M].沈阳:辽宁科学技术出版社,2019.

[11] 吴信东,董丙冰,堵新政,等.数据治理技术[J].软件学报,2019(09):266-292.

[12] 刘鹏.大数据可视化[M].北京:电子工业出版社,2018.

[13] 周鸣争,陶皖.大数据导论[M].北京:中国铁道出版社,2018.

[14] 薛志东.大数据技术基础[M].北京:人民邮电出版社,2018.

[15] 姜枫,许桂秋.大数据可视化技术[M].北京:人民邮电出版社,2019.

[16] 国家工业信息安全发展研究中心.大数据优秀产品和应用解决方案案例系列丛书2017—2018年:大数据优秀产品案例[M].北京:人民邮电出版社,2018.

[17] 任广平.虚拟化系统管理平台的设计与实现[D].北京:北京工业大学,2017.

[18] 柯乔.存储虚拟化的装置、数据存储方法及系统:CN 201210028862[P].2023-08-13.

[19] 吴超.面向云存储系统的云数据放置方法研究[D].南京:南京邮电大学.2018.

[20] 张宝琳,谷同祥,莫则尧.数值并行计算原理与方法[M].北京:国防工业出版社,1999.

[21] 雷向东,雷振阳,龙军.并行计算导论[M].长沙:中南大学出版社,2018.

[22] 王鹏,黄焱,安俊秀,等.云计算与大数据技术[M].北京:人民邮电出版社,2019.

[23] 颜瑾瑾.大数据时代更需法律约束[J].人民论坛,2018(18):94-95.

[24] 林子雨.大数据导论:数据思维、数据能力和数据伦理[M].北京:高等教育出版社,2020.

[25] 张春艳,郭岩峰.大数据技术伦理难题怎么破解[J].人民论坛,2019(02):72-73.

[26] 宋吉鑫.大数据技术的伦理问题及治理研究[J].沈阳工程学院学报(社会科学版),2018,14(04):452-455.